田口護的 精品咖啡大全

暢銷平裝版

Specialty Coffee

Taguchi Mamoru

田口 護

前言

擁有高評價的精品咖啡問世已經有十餘年。日本人也逐漸知悉精品咖啡的存在。目前我開的「巴哈咖啡館」營業額的四到五成是來自精品咖啡。

我第一次接觸到的精品咖啡使用的是瓜地馬拉咖啡豆。產自於一般人比較陌生的薇薇特南果區。咖啡豆本身毫無缺點且品質一致，經過烘焙後，滋味、風味、醇厚度皆令人激賞，嚐起來簡直如同高級葡萄酒般複雜且精妙。

過去使用的瓜地馬拉SHB（Strictly Hard Bean，極硬豆）品質並不差。一如各位所知，敝店自開業以來始終貫徹執行手選咖啡豆工作，藉此統一咖啡豆的品質，也可避免烘焙時走味。當然，就連品質最高級的瓜地馬拉SHB也不例外，我也自豪於能夠推出品質更高一級的優質咖啡豆。

但是，現在出現在我面前的瓜地馬拉精品咖啡水準完全不一樣。萃取出的香氣令人驚喜，就像剛做好的巧克力一樣。而且滋味複雜，我記得裡頭充滿各式各樣的味道。

精品咖啡及替它闖出名號的星巴克咖啡的出現，對於日本咖啡業來說宛若是強迫日本開放的黑船再度來襲。只要最新潮流的世界級指標一出現，日本人總會像靠近捕蚊燈的蚊蟲一樣趨之若鶩。日本人自古以來就對舶來品難以抗拒。

對於這種現象，有些人認為是行為草率，也有人認為是上進心的表現。不過古人積極強調「不要一味追隨流行」自然有其道理在。精品咖啡最初是因為有國際審查員掛保證，於是開始莫名受到重視。我對這風潮同樣感到羞愧。畢竟有些不僅與咖啡本身無關，甚至多少有些狐假虎威的權威主義氛圍存在。

而另一方面，我也聽過客人不滿地表示自己喝過榮登「卓越杯」（Cup of Excellence，簡稱 COE）比賽冠軍的咖啡，但是那股刺激舌頭的味道一點兒也不覺得好喝。我想或許是烘焙不當所造成。

精品咖啡大致上都是高地產的硬豆（Hard Beans），含水量高，油脂量也高，意思是烘焙時極為困難，因此烘焙的控制相當傷腦筋。尤其是使用排氣量低、容量小的烘焙機時更是如此。為了引出精品咖啡風味絕佳的特色，關鍵就在於烘焙者必須追求卓越的烘焙技巧。

二〇〇三年出版的《咖啡大全》深獲國內外好評（繁體中文版於二〇〇四年七月由積木文化出版），至今仍屢屢再版。書中網羅了我所有的基本想法，不過關於精品咖啡的部份只提了些概要，沒能深入探討。

而現在我打算投身如迷宮一般的世界，將精品咖啡變成世人的共有資產。說穿了，精品咖啡就像是血統良好但難以伺候的純種賽馬。單一栽培咖啡的挑選是十分精細的過程。不過我們也有足以馴服這些賽馬的方法，就先從簡單的熟悉咖啡豆開始吧。

田口　護（Mamoru Taguchi）

一九三八年於日本北海道札幌市出生，是六男三女之中的老么。老家是北海道數一數二的鍋爐設備公司。北海高中畢業後進入國學院大學就讀。婚後於現居地開了「巴哈咖啡屋」。一九七二年開始自家烘焙，曾經造訪世界各地的咖啡生產國與歐美國家等六十餘國。二〇〇九年起擔任日本精品咖啡協會副會長。著作有《咖啡大全》、《咖啡飄香 100 年》、《田口護談待客之道》、《田口護的咖啡方程式》（積木文化出版）等。

目錄

前言 4

推薦序 8

第1章 知識篇……11

關於精品咖啡

何謂精品咖啡？ 14

精品咖啡上市之前 22

精品咖啡的美味之處 42

第2章 技術篇……53

精品咖啡的烘焙

系統咖啡學 56

精品咖啡的四大類 60

四種類型的烘焙法 68
精品咖啡的烘焙度 80
烘焙的最佳時間帶 84
善用精品咖啡特性的烘焙法 92
烘焙範例研究 102
杯測 120
精品咖啡的萃取 140

第3章 實踐篇
精品咖啡的銷售 …… 145

精品咖啡的採購 148
銷售方式與員工訓練 156

【對談】
談談精品咖啡的未來——SCAJ的努力 …… 160

推薦序

蘇彥彰

精品咖啡，一個看起來或是聽起來都有點厲害的名詞，多了「精品」這兩個字讓咖啡從一般日常飲料、一公斤產地價格以美分計價的廉價農產品，搖身一變成為國際拍賣市場上一公斤動輒以百美元為單位計價、完全可以與高級葡萄酒平起平坐的明星！雖然如此精品咖啡還是平易近人許多，我可能一個月難得開一瓶一百美元的葡萄酒，而精品咖啡卻是我每日生活的必需品（當然主要是因為一瓶葡萄酒開了就得速速喝完，一磅的咖啡豆卻可以讓我享受兩星期的美好早晨），而且萬一意猶未盡我還可以輕鬆的品嘗另一個莊園的精品咖啡。基本上我的咖啡箱子中隨時隨地都有將近十種不同風格，來自數個國家不同莊園的精品咖啡存貨，隨時隨地讓我可以乘著咖啡的翅膀穿梭在美麗的咖啡林中。

對於咖啡愛好者而言，精品咖啡確實開啟了一扇與傳統咖啡大為不同的窗口，正如作者田口護在本書中所說到，精品咖啡的概念是源自於葡萄酒實施多年的法定產區制度（AOC），高級M3酒來自悉心種植的葡萄與精心的釀製，精品咖啡也是如此，種植地區的微氣候、海拔高度、土壤、排水甚至遮蔭……都影響著咖啡的生長與結果；咖啡櫻桃進入採收季節時要如何採收？是人工採收還是機器採收？採收之後用哪種處理法？到底要連著果肉還是不要？發酵時間要多久？每個環節都考驗著咖啡莊園的主人，這些Know How也是這些咖啡之所以夠資格稱為精品的重要關鍵，畢竟高價必須有所本，而這都是正在火熱的台灣咖啡種植業者必須了解的。

田口護不愧為日本咖啡界的大師，本書從品種的解說、莊園種植環境、各種處理法的細節到類型烘焙，甚至銷售都談得比上一本《咖啡大全》更深入，也具備更高的參考價值。個人覺得其中一般咖啡愛好者最為受用的是烘焙咖啡的部份，這個將咖啡從生豆轉化成熟豆的過程是我們能夠影響也是介入最深的程序，也是咖啡最終風味呈現最重要的一個環節。一杯咖啡的美味與否在烘焙時就已經決定了八成，「沖煮的方式與手法只是隱惡揚善」這句話是許多咖啡大師都知道的事實，換句話說再優異的精品咖啡只要烘焙得不好，無論怎麼煮都不可能起死回生，所以既然不可能真的去種咖啡，咖啡大師們就都視咖啡烘焙為終極挑戰，絞盡腦汁為的就是要烘出一批完美的咖啡！田口護在書裡面花了大篇幅解說的類型烘焙法給了剛踏入精品咖啡，想要自己決定這關鍵性五秒的咖啡愛好者們一個相當明確的指引。

也許是對咖啡味道詮釋與喜好不同，田口護對於大部分的精品咖啡採用比較深的烘焙，這點與我個人有相當大的差異（我偏好水果般優雅的酸味，且欣賞花卉類香氣大於厚重的煙燻味），但是這並無損於本書的參考價值，畢竟精品咖啡從種植、處理、烘焙到沖煮，走的都是個人風格的呈現，如何體現每款咖啡的價值端看操作者的美學，太過狹隘的觀點可能會錯失許多前所未見的美好風味，所以培養個人的品味是踏入精品咖啡最重要的階段。田口護在書中將他多年從事咖啡業的經驗與知識分享給讀者，同時清楚的告訴讀者他從什麼角度去詮釋精品咖啡，如此清晰完整的咖啡美學的呈現是很難得的，他同時也在書中清楚的說到：精品咖啡是非常多變的，烘焙時絕對不能以一般的商用咖啡看待，類型烘焙法只能當作參考，只有親身操作才能了解每款咖啡豆的特點，進而掌握正確的烘焙方式！與各位共勉之。

蘇彥彰（Jimmy Su）

台南人，一九七二年出生，國立台南藝術大學藝術碩士。完成研究所學業之後突然大徹大悟，決定走向餐飲之路。其間遠赴法國巴黎藍帶廚藝學院學習法式料理與甜點，返台後，擔任過數家餐廳的主廚，以及數個社團的咖啡指導講師。因為從業期間深覺許多飲食觀念與知識並未在台灣紮根，所以立志拉近專業廚房與家庭餐桌之間的距離。目前從事咖啡與法式餐點的顧問與教學工作。著作：《咖啡賞味誌（香醇修訂版）》。審訂：《咖啡大全》（皆為積木文化出版）。

第1章

知識篇

關於精品咖啡

精品咖啡究竟哪裡特別？與一般咖啡有什麼不同？——我們首先來談談這些基本問題。也許你會因為聽到許多陌生的外文用語而皺眉。不管是品種也好、精製法也好，或是頻頻出現化學用詞的咖啡成份等專業內容，對於咖啡愛好者來說都充滿魅力。

肯亞錫卡（Thika）產區的佳娜莊園（Mchana）。這兒的規模是肯亞數一數二，照片下方可看到晾在架子上的羊皮紙，這就是所謂的「非洲棚」。

何謂精品咖啡？

◆仿效葡萄酒的世界

經常有人問道：「精品咖啡是什麼？」簡單來說就是「具有美好風味特性的咖啡」，但是如果這麼說，只會換來「也就是藍山或夏威夷可那（Hawaii Kona）之類的咖啡吧」的回答，令人不曉得該如何回應才好。

原來藍山、夏威夷可那、摩卡・瑪塔利（Mokha Mattari）等一般市面上可見的咖啡豆之中，附加價值特別高的就是「具有美好風味特性」，既然如此將它們稱為精品咖啡也無妨吧——一般人大概會這麼想，不過這些咖啡一般稱作「高級咖啡豆」（Premium Coffee Bean），已經被歸類在其他類別。

若你問我到底有什麼不同，我很難回答。或許是習慣，也或許是基於方便，總之，這類高附加價值咖啡豆被稱為高級咖啡豆，與精品咖啡截然不同。

話說回來，精品咖啡本身並沒有精確的定義。我認為與其定義後造成許多爭議，不如保持含糊、可隨意解釋，大家自然會瞭解。

這裡我們先將時間倒轉至三十年前。本書主題的「精品咖啡」一詞是一九七八年美國努森咖啡館的愛爾娜・努森（Erna Knutsen）女士在法國咖啡國際會議上提出而開始使用。其宗旨是：「特殊微氣候及地理條件生產出具備獨特香氣的咖啡豆（Special geographic microclimates produce beans with unique flavor profiles）」。

相當簡單且明確的定義。當我看到微氣候

（Microclimate）一詞時，瞬間瞭解了：「哈哈，原來咖啡打算比照葡萄酒嗎？」所謂「微氣候」是葡萄酒世界的常用詞彙，也經常被說成法語風格的「地方性氣候」，在日本則譯作「微氣象」或「局部區域氣候」。

簡單來說，不管是葡萄酒的葡萄田也好，咖啡田也好，在有限範圍內的氣候都會影響葡萄或咖啡生長過程，培養出些微差距的成果。具體來說，田地標高在哪兒？是否近海、近湖泊或河川？田地的方向或傾斜度如何？是否正好位在森林風吹過的路徑上？日夜溫差如何？降雨量、日照量如何？諸如此類細微的自然環境差異都會影響田地所賦予葡萄或咖啡的獨特個性——這類概念已經根深蒂固。

瓜地馬拉咖啡局（Asociación Nacional del Café，簡稱 Anacafe）的杯測訓練現場。

最近經常使用的「風土」（Terroir）一詞也是來自葡萄酒世界，意思是自然環境影響田地，用法上幾乎與「微氣候」相同。因為在葡萄酒的世界，葡萄田的性質會受到微氣候、土質等影響，因此一般認為同樣情況或許也可套用在咖啡的世界。

◆沒有確切的定義

言歸正傳。前面提過精品咖啡的定義是由各國精品咖啡協會自訂，沒有嚴苛且統一的定義。如果嚴格定義的話，能夠賣精品咖啡的業者變成只有自己，他們認為這樣無益於生意。因此世界各國的精品咖啡協會始終採取模糊定義，底下將介紹日本精品咖啡協會（以下簡稱 SCAJ）的「定義」，僅供參考。

- 消費者（喝咖啡的人）杯中的咖啡液體風味絕佳，消費者評價為好喝且感到滿意的咖啡。
- 所謂風味絕佳的咖啡，是指風味上讓人留下明顯印象，有清爽明快的特殊酸味，後味會變成甜味後消失。
- 杯中風味絕佳，因此從咖啡生豆（種子）到變成杯中咖啡液體的所有階段，必須貫徹統一的制度、工程和品質管理（From seed to cup）。

烘焙後，就成了「擁有明顯風味特性及明確來源、名人掛保證的高品質咖啡」，不過這種定義非但沒搔到癢處，而且似乎怎麼解釋都可以，有點八面玲瓏。這點相信各位讀者也發現了。

SCAJ將評鑑重點擺在「杯中液體的風味特性」，而美國精品咖啡協會（SCAA）則主張評鑑對象應該是「咖啡生豆」。另一方面歐洲精品咖啡協會（SCAE）則主張應該評鑑咖啡基底的「咖啡液」。每個國家的咖啡業者想法錯綜複雜，因而產生前述的差異。

◆接受杯測審查

但各國依然有共識，為了獲得「精品咖啡」的名號，必須越過幾重障礙。其中一項條件是「可追溯性」（Traceability）要明確。也就是「生產履歷」必須清楚，可追蹤該咖啡豆是哪個國家、哪個地區的哪個咖啡園所生產。過去的咖啡豆事實上在產地與品種等的認定上相當模糊，關於這點後頭將會詳細敘述。

自從精品咖啡出現以來，市面上也出現許多穿鑿附會的陌生外來語，例如：可追溯性、永續性（Sustainability）、公平交易（Fair trade）、卓越杯COE競賽、雨林聯盟認證咖啡（Rainforest Alliance Certified Coffee）、風土、半水洗式精製法（Pulp natural，指成熟的果實去果皮自然乾燥後再行水洗）……等。其中還有去除黏膜等繞口的專用詞彙。對於我這種不擅長外文的人來說，簡直像在刑求。

言歸正傳，僅次於生產履歷的重要條件就是必須接受「香味評鑑」，也就是所謂「杯測」（Cup Testing），與葡萄酒的「品酒」（Wine tasting）相似。詳細內容後頭再行說明，簡單來說，若是沒有經過杯測的味覺審查、沒有獲得一定的評價（是否表現出產地特有的風格風味），就無法稱之為「精品咖啡」。

生產履歷較明確，生豆分級（檢驗瑕疵豆混雜比例）評價較高的藍山、夏威夷可那（見18頁照片）屬於「高級咖啡豆」，未被稱為精品咖啡是因為沒有經過「杯測」的味覺審查步驟。因此知名品種咖啡擁有比照精品咖啡的特殊待遇，不過名稱上為了方便，而稱作「高級咖啡」。

◆不受國際市場價格影響的咖啡

相信各位應該多少瞭解了什麼是精品咖啡，至於精品咖啡是在什麼樣的背景下問世，接下來將稍微聊聊它的歷史由來。

有一點希望各位能明白，以價格來看，咖啡豆是僅次於石油的國際商品。大部份咖啡豆均由南半球較貧困的開發中國家所生產，主要供應給北半球富足的已開發國家。也就是說，咖啡的生產與南北半球經濟

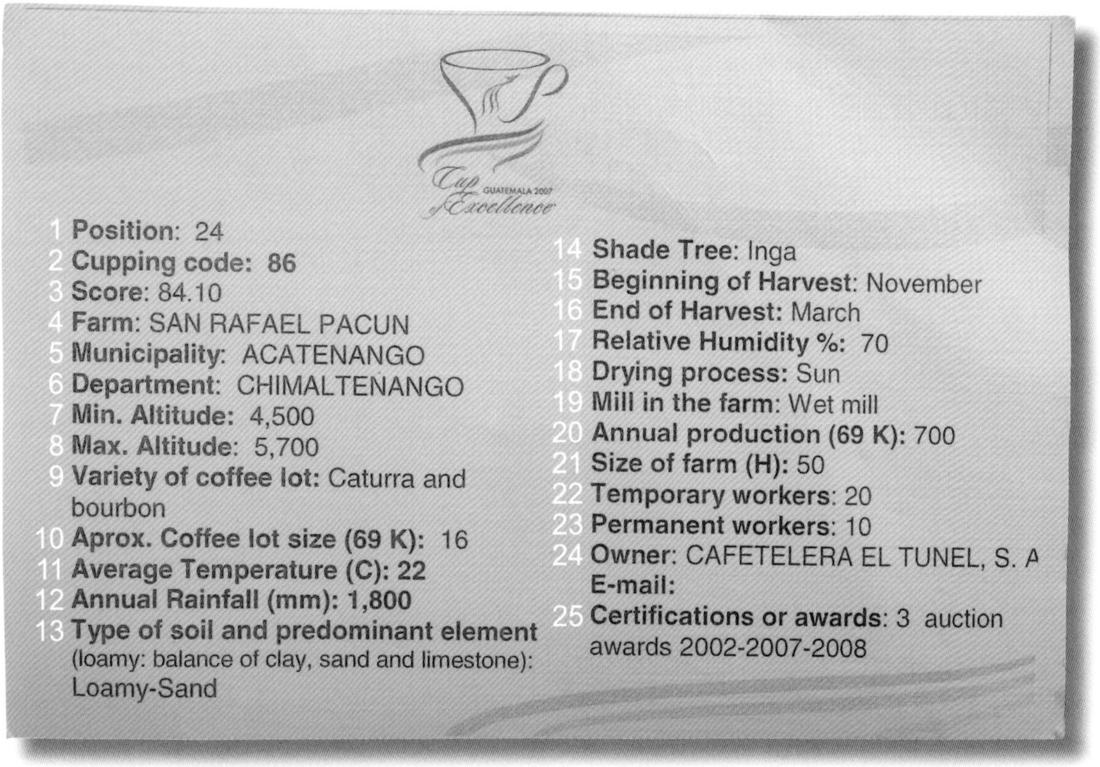

Cup of Excellence GUATEMALA 2007

1 **Position:** 24
2 **Cupping code:** 86
3 **Score:** 84.10
4 **Farm:** SAN RAFAEL PACUN
5 **Municipality:** ACATENANGO
6 **Department:** CHIMALTENANGO
7 **Min. Altitude:** 4,500
8 **Max. Altitude:** 5,700
9 **Variety of coffee lot:** Caturra and bourbon
10 **Aprox. Coffee lot size (69 K):** 16
11 **Average Temperature (C): 22**
12 **Annual Rainfall (mm): 1,800**
13 **Type of soil and predominant element** (loamy: balance of clay, sand and limestone): Loamy-Sand
14 **Shade Tree:** Inga
15 **Beginning of Harvest:** November
16 **End of Harvest:** March
17 **Relative Humidity %:** 70
18 **Drying process:** Sun
19 **Mill in the farm:** Wet mill
20 **Annual production (69 K):** 700
21 **Size of farm (H):** 50
22 **Temporary workers:** 20
23 **Permanent workers:** 10
24 **Owner:** CAFETELERA EL TUNEL, S. A
E-mail:
25 **Certifications or awards:** 3 auction awards 2002-2007-2008

瓜地馬拉卓越杯 COE 的入選咖啡豆樣本上附的規格說明書

1 排名：杯測評分排行榜。此種咖啡豆排名 24。
2 代號：杯測採用盲測，因此每個杯子上各有代號。
3 評分：84.10 分
4 咖啡園名稱：聖拉菲爾帕肯莊園（San Rafael Pacun）
5 地區名稱：阿卡提蘭夠產區（Acatenango Valley）
6 詳細地區名稱：奇馬爾特南戈省（Département de Chimaltenago）
7 標高（最低）：4500 英尺（約 1370m）
8 標高（最高）：5700 英尺（約 1740m）
9 品種：卡杜拉（Caturra）與波旁（Bourbon）
10 批次：16 袋（69kg ／袋）
11 平均氣溫：22℃
12 年雨量：1800mm
13 土壤：壤土（loam，內含砂礫、黏土、有機物的肥沃土壤）
14 遮陽樹的樹種：印加樹（Inga edulis，豆科樹，在瓜地馬拉很普遍）
15 收穫開始時期：11 月
16 收穫結束時期：3 月
17 相對濕度：70%
18 乾燥法：日曬乾燥（自然乾燥）
19 咖啡園內的分離法：水洗法（去除果肉到乾燥的工序）
20 年產量：700 袋（69kg ／袋）
21 咖啡園規模：50 公頃
22 產季勞工人數：20 名
23 常駐勞工人數：10 名
24 擁有者：個人名稱或公司名稱
25 認證或得獎經歷：COE 等得獎紀錄

落差問題息息相關，再加上咖啡園的維護管理健全與否，也影響到地球環保問題。咖啡栽種不只是單純的農作物生產而已，也囊括了經濟、社會、環境等各方面價值。

大家都知道咖啡價格指標取決於紐約、倫敦的期貨市場。過去有進口數量限制（比例制，Quota System），可抑制咖啡豆價格暴跌，而自一九八九年起廢除比例制之後，正好遇到巴西豐收、越南產咖啡加入市場，造成慢性的市場供給過剩、價格低迷。二〇〇一年紐約期貨底價創下每磅41.5分錢的新低，行情價低迷不振持續數年。這就是所謂的「咖啡危機」。

當時，如果每磅可賣80分錢，咖啡園就能夠維持正常管理，然而生產者卻放棄咖啡園，改而栽培橡膠或古柯（注：葉子可提煉古柯鹼）。農地荒廢，農民的孩子無法上學，中美洲等地頻生飢荒。在這種情況下，人們強烈希望咖啡豆能夠「不受到市場影響」、「不依賴市場」。

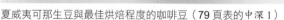

該如何避免咖啡豆受到市場影響？簡單來說，就是以高價收購咖啡豆，直接與生產者締結長期合約。後面將會提到的卓越杯COE、利用網路進行的咖啡國際競標都是由此架構衍生而來。生產者有錢的話，就能夠好好管理咖啡園，以結果來說，能夠永續維持自然環境。

夏威夷可那生豆與最佳烘焙程度的咖啡豆（79頁表的中深1）。

藍山的生豆與最佳烘焙程度的咖啡豆（79頁表中的淺2）。

◆卓越杯 COE 的誕生

另一方面，在咖啡的國際行情價一片低迷之中，聯合國展開促進開發中國家經濟獨立的計畫，稱為「聯合國特級咖啡計畫」（一九九七～二〇〇〇年）。目的是為了驗證：是否生產出高品質美味咖啡就能以合理的價格售出。接受試驗的生產國有巴西、巴布亞新幾內亞、衣索比亞、烏干達、蒲隆地五國，參與試驗的市場則選擇美國與日本。

五國之中最難生產出「特級咖啡」（Gourmet Coffee，精品咖啡與高級咖啡的總稱）的居然是巴西。因為一般被稱為「巴西式」的品質評鑑法，其主要目的是找出缺點，相當消極，不適合積極介紹口味優點與特性的特級咖啡市場。

爭論到最後，巴西精品咖啡協會（BSCA）屈服於歐美精品咖啡業者的要求，採納 SCAA 的品質評鑑標準。一九九九年 BSCA 主辦競賽，國際審查員由來自巴西全國的咖啡之中挑選出最優秀的咖啡豆，並給予「巴西之王」（Best of Brazil）的封號。此最優質的咖啡豆後來加入網路競標之列。

隔年二〇〇〇年進一步擴大競賽規模，第一名的咖啡豆受封「卓越杯 COE」榮耀。由此咖啡豆確立了前所未有的國際競標網路系統，也證明了眾人期望的「不依賴國際市場」是可行的。同時，卓越杯也成為依賴市場的「商業咖啡」（Commodity Coffee）與價值體系不同於市場的「精品咖啡」的分界線。

◆何謂永續咖啡？

關於咖啡的「滋味」，在精品咖啡出現之前，始終沒有適合的形容詞彙。在「味道感受因人而異」的世界裡，不存在全世界共通的味道代號，讓大家能夠同場討論。

我經常主張咖啡世界也需要「共通語言」。德國語言學家路德維希（Ludwig Josef Johann Wittgenstein）說過：「語言的界線表示世界的界線。」如果要更深入咖啡的世界，就必須以價值觀相同的語言為基礎。而成為這項基礎的就是 SCAA 的品質評鑑方式、杯測審查，以及卓越杯 COE。

根據 SCAA 的看法，「精品咖啡」的概念是「結果」，而「永續咖啡」則是「過程」。話說回來，「永續」到底是什麼？「永續」譯自英文 Sustainable 這個字，簡單來說就是吾等消費者能夠持續喝到產地生產、安全又美味的咖啡。因此我們不應該殺價、討價還價，必須支付生產者適當等值的價格，建立並得以維持良好的夥伴關係。

如此一來就能夠縮小南北半球的經濟差距，並改

卓越杯 COE
瓜地馬拉．茵赫特莊園（Guatemala El Injerto）

高級咖啡豆
瓜地馬拉．波塔莊園（Guatemala Antigua El Portal Farm）

善咖啡園勞工的生活環境，進而保護自然環境——這就是永續。被問到「什麼是永續咖啡？」時，人們往往不瞭解這與自己有什麼關係而敬謝不敏。但如果希望將來能夠繼續喝到安全的咖啡，在喝咖啡的同時，是否應該想想南北半球問題、地球環境問題，以及在咖啡園工作的勞工問題？

這絕對不是廉價的博愛主義。但只憑藉正當性或同情，生意無法持續做下去。我總是對熟識的咖啡園主人這麼說：「只要你重視品質，我一定會以合理的價格收購。」廣義來說這也是永續經營的方式之一，也屬於公平貿易（Fairtrade）的一種。雖不是所謂「公平貿易認證咖啡」（Fair Trade Certified™），但這是身為一介自家烘焙咖啡店老闆的我，唯一能夠做到的實質貢獻。

◆只要好喝就會購買

永續咖啡之中有一部份稱為「有機栽培」咖啡。不使用化學肥料、農藥，通過認證機構檢驗合格，屬於健康導向的咖啡。歐美有較多有機栽培咖啡的信徒，不過日本的流通量較少，品質也不均。坦白說味道也不具特色。除了少部份之外，我幾乎沒有進口販售。前面也說過，只憑正當性與同情做不成生意。如果是好東西，不用拜託我也願意購買，但不好的東西一定不買，就是這麼簡單。

最近經常聽到「農林間作」（Agroforestry）一詞，這個字是農業（Agriculture）加上林業（Forestry）組成，意思就是在森林樹木之間飼養家畜或種植農作物，屬於能夠不破壞環境並達到永續經營的農業。

農莊與出口公司也採用與消費國相同等級的杯測。

巴拿馬的「凱薩・露易絲合作社」（Casa Ruiz）有咖啡園與精製工廠，經營杯測實驗室、烘焙工廠、咖啡店，是地產地銷型生產者。

像是薩爾瓦多西部的阿帕內卡產區（見27頁照片）在防風林之間種植咖啡樹，咖啡與天然林得以自然共生。聽到「永續」一詞，你或許沒有感覺，一旦實際看到那副景象，就能夠充份感受到「永續經營」的重要性。

精品咖啡上市之前

◆產地靠近消費地

比起過去，在精品咖啡問世之後出現了幾項重大改變。其中之一是產地就在附近。從前咖啡豆經由海港來到內陸後，才交由買主管轄，與產地打交道這件事全都交給代理商處理。但是現在買家也會前往產地，而生產者也會頻頻來訪日本，無論空間方面或觀念方面的距離都拉近了，也多虧網際網路的關係，我們能夠獲取大量資訊。

由產地來到日本的咖啡園主人們也會到我的店裡看看，或許是為了市場調查吧。我會帶著他們參觀烘焙工廠，也會讓他們看看杯測現場，再利用交換名片達到制衡。他們一定會心想：「日本的自家烘焙咖啡店也做到如此地步嗎？這樣的話我們可不能賣出糟糕

此處是精製工廠。上面寫著工廠名稱、咖啡園名稱、品種名稱以資區別。

的產品……。」

前面曾經提過，精品咖啡的出現為世界帶來了共通的代號。我這麼說有點玩笑意味，不過如果要論精品咖啡的功過，相信精品咖啡的出現除了促進彼此智慧交流，或許也讓我們生意更難做。賣家不能高價賣出壞豆子，買家也不能以低價買進好豆子。

「金磚四國」（BRICs4）之一的巴西等國既是咖啡生產國，如今也成為大量消費國之一。在全世界普遍咖啡供應不足的情況下，如果仍像過去那樣殺價、討價還價，賣家恐怕有資格不賣。

按照小型農家或各品種分開進行日曬乾燥，可看出批次的規模與管理的謹慎。

觀察河川下游，就能夠瞭解河川上游的情況；反之亦然，觀察河川上游，也能夠瞭解河川下游的情況——以現在流行的話來說就是「供應鍊管理」，只要建立這種架構，就能夠利用條碼或ＩＣ標籤辨識商品進行管理。在咖啡界也沒有例外，商品追蹤逐漸成立，目前也愈來愈多農會團體利用條碼進行批次管理。這就是「履歷追溯」。

在精品咖啡的世界中，經常提到必須建立「履歷追溯」系統，這是肇因於「夏威夷可那醜聞」。一九九六年夏威夷著名的咖啡生產者們將中美洲的廉價咖啡偽裝成夏威夷可那販售。根據調查結果可知，已經有將近十倍的偽夏威夷可那咖啡豆流入市面。日本也不斷有偽藍山、偽摩卡瑪塔利公然在市場販售的流言。基於這些背景因素，人們開始正視生產履歷追溯，以及要求貫徹與法國ＡＯＣ葡萄酒一樣的原產地管理等。

在精品咖啡出現之前，別說是從哪個咖啡園了，就連這是哪個產地生產的什麼品種咖啡，都無法明確得知。咖啡豆經常為了符合規格（標高與豆子尺寸）而混用多個產地，事實上幾乎不可能追溯生產履歷。

咖啡豆的流通也理所當然是由生產者與物流業者主導。

但如果是消費者主導型的精品咖啡，就能夠排除生產者的利己主義，將產地、咖啡園名稱、品種、精製法等資訊全部攤在陽光下。只要看咖啡豆的規格說明書（見17頁）就能夠知道咖啡園標高、品種、精製法等，並可自行判斷各種特性的咖啡豆適合的烘焙程度。

◆好咖啡可賣出高價

我幾乎每年都會造訪中美洲與非洲。到了這個年紀，往來產地相當吃力。但是為了把在產地感受到的東西傳達給客人，我還是鞭策著自己這把老骨頭繼續努力。再說如果主打自家烘焙卻不曾去過產地，實在說不過去。這時代的要求已經嚴苛到沒有去過產地視察就沒有資格談咖啡。

拜訪咖啡園時，不禁覺得變化真大。飯店房間裡準備了美味的迎賓咖啡，有規模的咖啡園或出口業者的杯測室裡擺著3～10公斤的烘焙機。以前只擺放小型的簡易式烘焙機而已，而現在產地也與消費地一樣，貫徹執行口味的最後確認程序。我想這些也全是受到SCAA與COE的品質評鑑標準影響的關係吧。產地與消費地雙方對品質的要求終於達成共識。

在精品咖啡「出現前」與「出現後」有了些改

主要的咖啡生產國與產地

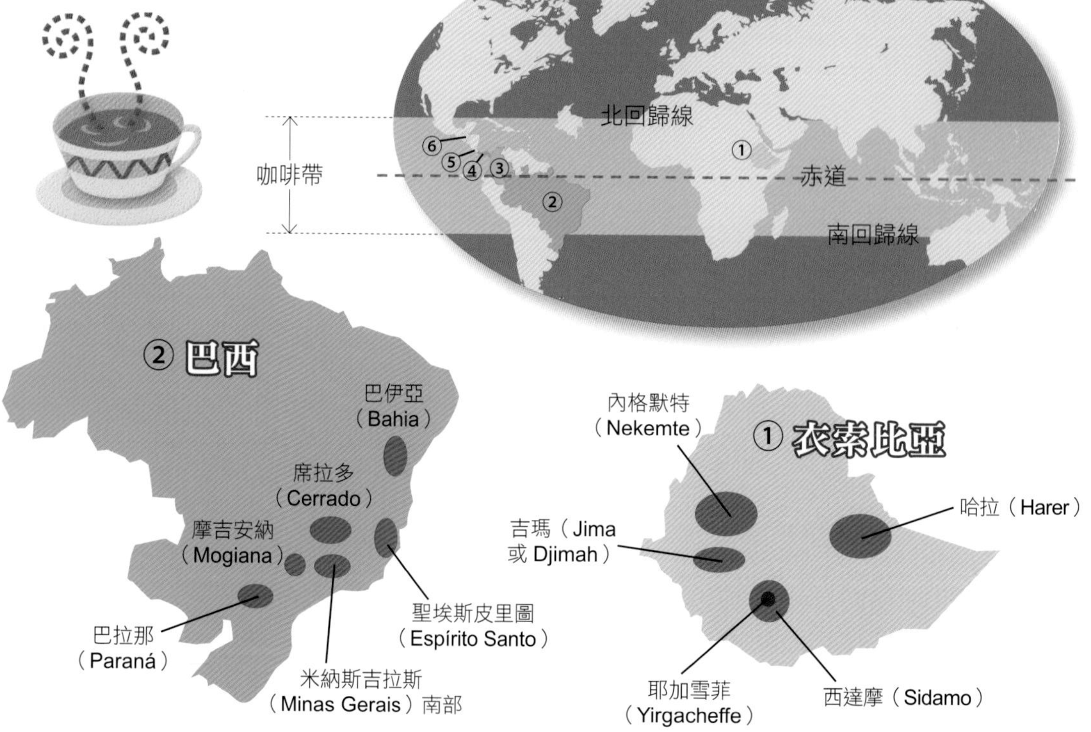

變，田地的改變就是其中之一。例如：靠近墨西哥邊境的瓜地馬拉薇薇特南果區直到二十年前仍沒沒無聞，卻因為卓越杯 COE 的網路競標而一夕之間成為眾所矚目的焦點。茵赫特莊園（El Injerto）等咖啡園每年均獲選卓越杯 COE 而得以高價售出，引起話題，進而與星巴克咖啡締結長期獨家供應契約，更造就了它的稀有。

提到瓜地馬拉，在過去安提瓜（Antigua）、科巴（Coban）都是具代表性的優良產地。薇薇特南果區標高一千五百到兩千公尺，是該國最高，收割期比安提瓜晚一個月。或許是地球暖化的影響，最近連兩千公尺以上也可栽種咖啡，因此低地所產的優質水洗豆（Prime Washed）逐漸消失，改種植橡膠。

中美洲的瓜地馬拉薇薇特南果區與非洲衣索比亞的耶加雪菲區兩地均是因為精品咖啡運動（這已經可稱之為運動了）而被「發現」，受到矚目，也可算是此運動的助力之一。兩者的種植地均位在高地陡坡上，咖啡成本自然偏高，但只要是優質產品，透過

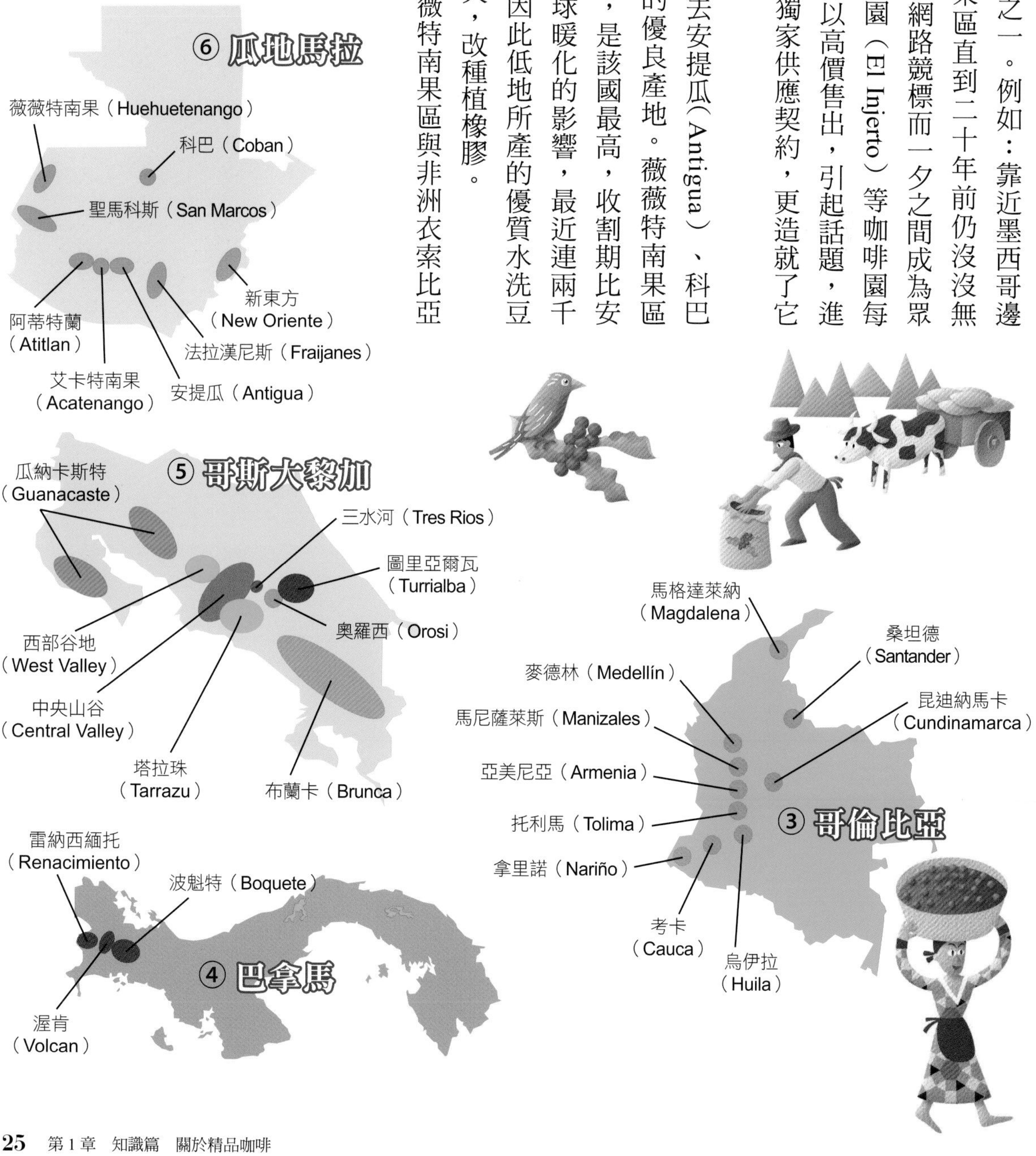

哥斯大黎加西部谷地（West Valley）聖露西亞（St. Lucia）莊園的標示牌，經營者與品種資訊一目了然。

競標就能夠賣得高價。「好咖啡豆＝高售價」的定理影響甚大。而瓜地馬拉在網路競標上的成功，也促成了中美其他生產國的積極投入。

◆進入多品種少量生產的時代

另外各國紛紛採取重點式強化這些優質生產地的策略，瓜地馬拉分為八處優質栽種地，巴拿馬有三處，印度則有七處，各國也分別成立如哥倫比亞咖啡農聯盟（The National Federation of Colombian Coffee Growers，簡稱 FNC）與瓜地馬拉咖啡局（ANACAFE）等指導中心，力行人力派遣與技術指導。

甚至還仔細調查同樣產地各標高與各品種風味特性的差異、同樣咖啡園內各精製與各品種風味特性的差異。也就是全國延續精品咖啡運動的理念，推動講究微氣候與風土的農業政策。

如此一來，時代由「少樣品種，大量生產」大幅轉變成「多樣品種，少量生產」，這也算是精品咖啡出現後帶來的重大變化。關於品種，我們後頭再詳加敘述，一座咖啡園很少只生產單一品種，多半是將咖啡園細分，種植各式種類。比方說，A地區種植帝比卡（Typica），B地區是波旁（Bourbon），C地區是藝妓（Geisha）。

薩爾瓦多西部的阿帕內卡（Apaneca）產區常見的防風林，樹與樹之間種植著咖啡樹。

藝妓種咖啡是源自衣索比亞的野生品種，也是精品咖啡運動打造出的巨星。其他還有帕卡馬拉種（Pacamara）、馬拉卡杜種（Maracatu）、薇拉沙契種（Villa Sarchi）和薇拉羅伯種（Villa Lobos）等有著符合精品咖啡時代之豐富個性的天然交配種或人工交配種等多種咖啡豆問世。

早期眾人爭相開發能夠大量採收的品種，而現在則是專注於研究什麼樣的交配組合才好喝。品種改良目的已從「量」大幅轉變為「質」。

◆微型精製工廠微量批次生產

另外，整體來說中美洲小規模咖啡園較多，而且沒有自己的精製工廠。均是由擁有大型精製工廠的出口公司等收集各生產者的咖啡豆之後，集中處理，再掛上同一個品牌名稱販售。但是現在不一樣了，進入精品咖啡時代後，小規模咖啡園也擁有獨立的精製工廠，或是幾家咖啡園共同經營一間精製工廠。再仔細對應進口業者或直客的訂單，致力於創造固有的味道。「微型精製工廠」與「微量批次」（Micro-lot）的時代儼然到來。

咖啡園與精製工廠開始注重環境保護也是精品咖啡出現後的特徵。哥斯大黎加大規模投資水處理設備，用水量比過去減少約20％。另外，去除的果肉以前是當作乾燥機的燃料，現在有些咖啡園則是讓它發酵當作肥料使用。巴拿馬的一處咖啡園兼營鱒魚養殖，因此也將魚粉加工做成肥料。

前面已經提過，中美洲的咖啡園幾乎都位在山地斜坡上，因此無法像巴西一樣，能夠以大型機具一口氣採收，只能仰賴效率較差的人力。中美洲的採收期大約在十二月到隔年二月。標高兩千公尺附近的瓜地馬拉薇薇特南果區等地，二月則是採收的高峰。

薩爾瓦多聖文森（St. Vincent）產區卡門莊園（El Carmen Farm）的苗床。為了避免日光直射，掛上了遮陽的防寒紗。

同樣攝於卡門莊園，每一列都是不同品種的咖啡。

這裡最重要的是確保找到老練的摘豆工。摘豆工是季節性勞工，熟練程度不一，而咖啡園永遠需要好的摘豆工。

提到以手摘法採收咖啡豆，你或許會想像是將成熟的紅色果實小心翼翼摘下，事實上常常須連尚未成熟的綠色果實與樹枝也一併摘下。只要混入一顆未成熟豆（葡萄牙文稱作VERDE）就會破壞咖啡的味道，因此有良心的咖啡園在採收後會再進行一次篩檢工作。基本上利用比重篩選機就能夠搖落這些未成熟豆。因為成熟的咖啡豆比較重，未成熟的比較輕；未成熟豆沒有光澤，顏色暗沉，一眼就能夠分辨出來。另一方面，摘採愈多成熟豆，佣金也會愈多，因此最近愈來愈多摘豆工人會觀察成熟程度，小心摘採。看來「好咖啡豆＝高售價」的道理也適用於採收現場。

瓜地馬拉安提瓜產區的採收景象。咖啡田多半位在陡峭的斜坡上，因此採收效率不彰。

薩爾瓦多阿帕內卡產區的紅色櫻桃（咖啡果實）匯集處。

◆精製法大幅改變

精品咖啡出現之後，精製法也大幅改變了。所謂精製是指將成熟的紅色果實變成乾燥生豆的過程，大致上分成乾燥式精製法（又稱自然乾燥法〔Nature Dry〕或非水洗式精製法〔Un-washed〕）、水洗式精製法（Washed），以及折衷的半水洗式精製法（Semi-washed）三種。

每種精製法各有好壞，也受到田地等自然環境及通貨膨脹等差異的影響，因此不能輕易定出優勝劣敗，不過若是與所謂「商業咖啡」的一般流通咖啡豆相比，我想多少可看出差異。比方說，乾燥式精製法的咖啡相對來說地位較低。

乾燥式精製法的工序簡單，但能夠製造出特有香氣，因此自古就有死忠愛好者。與水洗式精製法相比，乾燥式的最大缺點是容易摻雜許多未成熟豆等瑕疵豆。精品咖啡的評鑑在「生豆分級」階段審查瑕疵豆混雜比例時，會優先刪除瑕疵豆多、顆粒大小不均的乾燥式精製法咖啡。再加上自然乾燥的咖啡豆質偏軟，也欠缺精品咖啡條件之一的豐富酸味。在精品咖

咖啡的精製法

乾燥式精製法

（又稱自然乾燥法或非水洗式精製法）

將採集下來的咖啡果實擺在陽光下曬乾後去殼。容易混入雜物，精製度低。

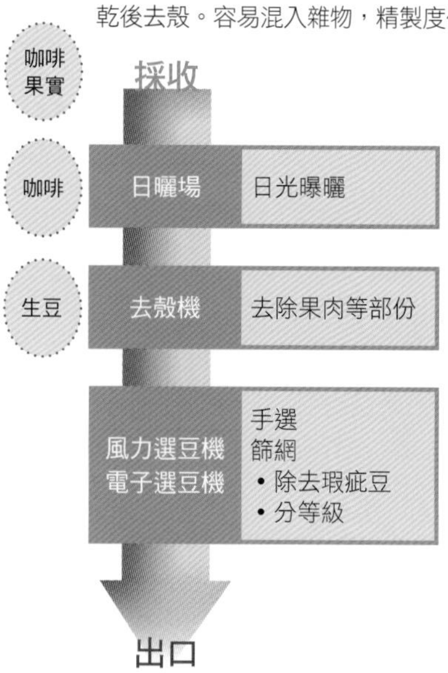

肯亞佳那莊園的非洲棚（或稱棚架式乾燥法）。比起鋪在地上曬乾更通風，也不易摻入雜物。在巴西稱為高床式乾燥法（Window Dry）。

蘇門答臘濕剝式精製法

（**Wet-Hulled，在印尼稱為 Giling Basah**）趁著殘留黏膜的內果皮尚未完全乾燥時去殼，接著繼續乾燥。

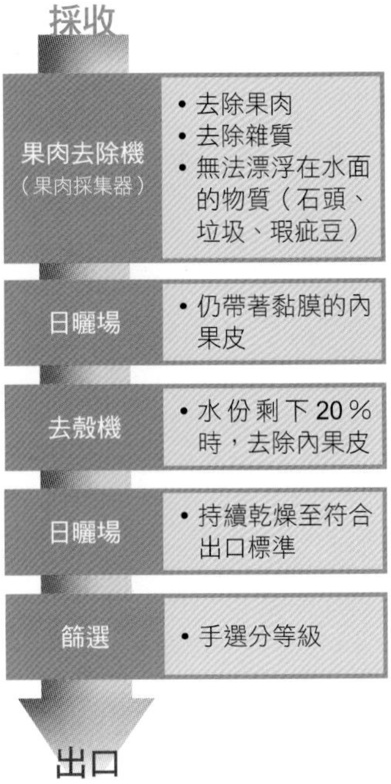

半水洗式精製法

（**半日曬式，Semi-washed**）

此為乾燥式與水洗式的折衷型。利用機械去除外皮與果肉。不使用發酵槽。

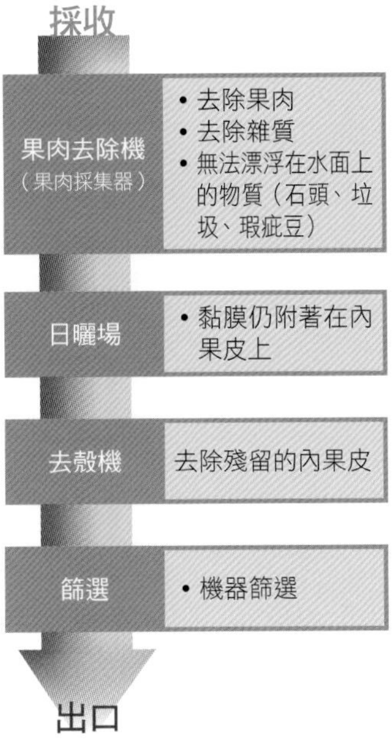

水洗式精製法（Washed）

去除果肉後，在發酵槽內清除殘留在內果皮上的黏膜，接著以水清洗。精製度較高，可售得高價。

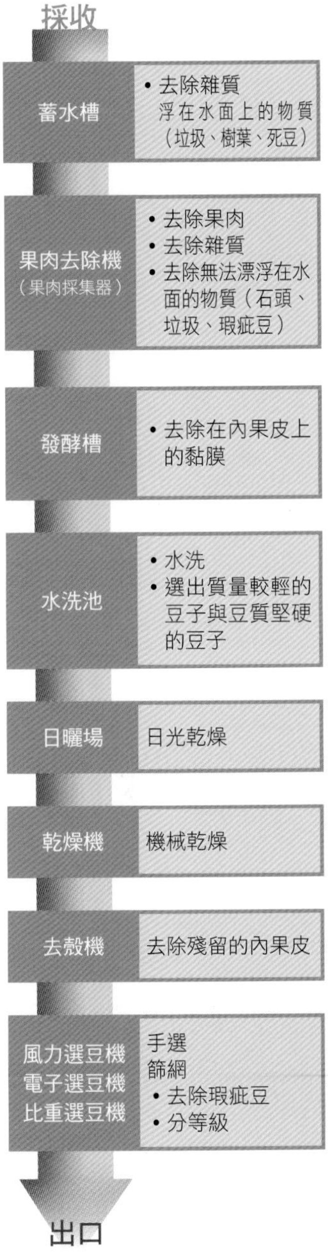

啡之中，具備明顯豐富的酸味及堅硬豆質的高地產硬豆頗獲各方好評。

這裡簡單複習一遍，在咖啡界，一般認為高地產的咖啡豆比低地所產的優質。以瓜地馬拉的普通豆來說，SHB（極硬豆）為最高級，標高在一千三百五十公尺以上。其他中美洲各國大致上將一千兩百公尺以上高地產的咖啡豆視為高品質咖啡，能夠賣得高價。排名的標準幾乎只根據「產地標高」。如果進一步要求的話，晝夜溫差大的高地所產的咖啡豆尤佳。實際反覆膨脹收縮，能夠讓咖啡豆的滋味更有深度。這一點也與葡萄酒一樣。

◆黏膜的應用

回到乾燥式精製法的話題。衣索比亞與葉門產的乾燥式精製法咖啡有著被稱為發酵味的獨特香氣。此種「獨具風格的香氣」將決定這些咖啡的好壞評價。這也是採用乾燥式精製法的咖啡評價高低不一的原因之一。

我喜歡乾燥式精製法咖啡特有的香味，過去也經常使用，不過現在除了極少部份之外，已經不進口。瑕疵豆多，且顆粒大小參差不齊，我雖然認同它的好，但是基於經營上的考量，還是大量改選用水洗式精製法的咖啡豆為主。精品咖啡的必備條件之一，就是毫無瑕疵豆且顆粒大小均勻。在我看來，只要這項標準沒有改變，或者沒有設立其他標準的話，採用乾燥式精製法的咖啡豆很難有機會東山再起。

也就是說，剩下的選擇就是水洗式和半水洗式精製法兩種。其中半水洗式精製法出現了更多新的嘗試，關鍵就在「黏膜」。去除果肉之後，內果皮表面仍會殘留黏滑的黏膜。這東西稱作Mucilage（在我店裡簡稱黏膜）。黏膜的處理與乾燥時機、乾燥方式的不同，能夠創造出各式各樣的豐富味道。

傳統的水洗式精製法是將咖啡豆浸泡在發酵槽中，利用酵素與微生物的力量分解黏膜。接著再用水洗除掉黏膜的內果皮後烘乾。浸泡發酵槽的時間大約48小時。浸泡的過程雖然能夠去除黏膜，但也會產生二氧化碳。而且使用的水量不容小覷。採用水洗式精

衣索比亞耶加雪菲產區為了提升精製程度而使用非洲棚。

瓜地馬拉安提瓜產區的帕斯特雷斯莊園（Pastres）的水洗式精製工廠儲存槽。

製法，直到咖啡豆完成精製為止，必須不斷水洗。據說精製1公斤的生豆，必須使用50～100公升的水。

精製過程中產生的廢水沒有經過淨化，直接排出，會造成嚴重的水質污染問題。二氧化碳的產生與水質污染違背了精品咖啡追求環保與永續經營之農業的理念。光有漂亮的理念當然做不成生意，但是另一方面，世人也愈來愈講究這些無法適應環境之產業的社會責任。愈來愈多咖啡不經過浸泡發酵槽的步驟，不單單是為了節省成本，一方面也是顧及環保。

薩爾瓦多卡門莊園的黏膜去除機。已去除果肉的咖啡豆由下方被推擠到上面，去除黏膜。

◆蜂蜜般的香氣

省略了發酵槽的步驟，業者開始以機械取代酵素及微生物去除黏膜。這種機械稱為「黏膜去除機」，或稱為「水洗果肉採集器」（Aqua Pulper），在半個世紀前就已經開發出它的原型。透過這台機器，只要使用極少量的水，就能夠去除黏膜，精製出內果皮表面漂亮的生豆。

相信各位現在已經瞭解水洗式精製法，不過目前受到矚目的精製法並非水洗式，而是稱為Pulp Natural（果肉乾燥後再行水洗）的半水洗式精製法。這種介於乾燥式精製法與水洗式精製法中間的製法來自於巴西席拉多產區。

此種精製法相當環保，首先利用果肉去除機（或稱果肉採集器）去除已熟成之紅色咖啡果實的果肉。到此為止的步驟與水洗式精製法相同，接下來就不一樣了。內果皮表面仍帶著黏膜的生豆不放入發酵槽，直接烘乾。這就是現在流行的Pulp Natural。

欲採用水洗式精製法，必須位在水資源豐富的地區。另外，採收期降雨量多的地方也不能使用乾燥式精製法。但是如果採用半水洗式精製法，可用於缺乏水資源的地區，擔心下雨而難以採用日曬烘乾的地區也可使用。再加上不需要大規模設備，小型咖啡園也可全面採用。補充一點，一般日曬烘乾（果肉仍然附著的狀態）需要10～15天，但是採用半水洗式精製法只需3～5天就能夠烘乾，可大幅降低成本與時間。

前面提過精製法的關鍵就是「黏膜」，造成黏滑的黏膜能去除多少、留下多少一起乾燥，都會對咖啡的味道產生影響。黏膜會替咖啡豆增加些許甜味與蜂蜜般的風味，因此別稱為「蜂蜜咖啡」，在日本則稱作「蜜處理法」（Honey Process 或 Miel Process）。

採日曬烘乾的乾燥櫻桃（咖啡果實），在巴西稱為咖啡可可。（巴拿馬艾利達莊園〔Panama Elida Estate〕）。

經過水洗式精製法的帶殼豆（巴拿馬艾利達莊園）。

沒有去除黏膜、直接乾燥的咖啡豆。也就是採用半水洗式精製法處理的咖啡豆（巴拿馬艾利達莊園）。

◆調整味道的工夫

經過半水洗式精製法處理過的咖啡豆屢屢入選卓越杯 COE 審查的前幾名，因此相信黏膜會帶來好處的人們成等比級數增加。目前的情況是，如何調整「黏膜的量」才能夠獲得最佳香氣——意思也就是要留下70%或50%？或者完全不去除直接乾燥？——如果留下太多又會產生發酵味，但是經過深度烘焙後，能夠變成有深度的味道。因此現在人們不斷從各個角度進行實驗，檢測黏膜的效果。

但是回歸到最實際的問題，經過半水洗式精製法處理過的咖啡豆真的有那麼優質嗎？首先從生豆外觀來說，這種咖啡豆的表面很難稱得上好，顏色暗沉，

巴拿馬艾利達莊園配合顧客要求使用水洗式、乾燥式、半水洗式精製法，分裝成小批次，這是過去難以想像的情況。

且沒有新豆特有的綠色（尤其是巴西產的）。黑色薄皮像痂一樣附著其上，看來有些骯髒，因此一眼就能夠看出來。

至於味道又是如何？首先，水洗式精製法的酸味強。乾燥式精製法有些微酸味與果香。介於兩者中間的半水洗式精製法簡單來說就是囊括了兩者的優點。不過半水洗式精製法畢竟是比較新的精製方式，因此味道水準難免參差不齊。去除果肉的方式（Pulping）或黏膜殘留比例都會影響每年產品的品質。整體來說感覺上仍在實驗階段。

但是這種精製法另有優點足以補強，也就是利用此法精製的咖啡豆能夠緩和尖銳的酸味，有著充滿溫和的圓潤口感，而且會散發出一如字面所示的蜂蜜甜味。再加上這種豆子較軟，烘焙容易，因此能夠打造出豐富的香氣與醇厚度。

或許因為如此，此種精製法的咖啡豆在我們巴哈咖啡集團內也頗獲好評。外表雖不好看，但是一喝下去香氣四溢。最後的輸贏仍是取決於杯子裡的咖啡液——我不禁心想，這已經是個講求實力的時代了。

◆配合審查會的標準

股市有句俗話說：「流行的東西是垃圾」。而半水洗式精製法就是一種流行物，接下來將成為主流或

不同精製法的差異（巴西）

水洗式精製法：生豆的草味偏強。

乾燥式精製法：白色帶點黃色。

半水洗式精製法：色調介於水洗式與乾燥式之間。

是被人遺忘，只有老天爺知道。唯一能夠確定的就是這種精製法八成是為了應付卓越杯 COE 等的味覺審查而開發出來。意思也就是咖啡園想要生產出能夠在杯測上獲得高評價的咖啡。

具體而言，高地採收的咖啡豆質厚實堅硬，酸味豐富。各位如果讀過筆者前作《咖啡大全》應該知道，高地生產的咖啡豆因為較硬的關係，烘焙難度高，多半採用中度烘焙或深度烘焙。但是杯測審查的規定是中度烘焙，以第二次爆裂之前的烘焙程度進行評分。這種規定對於在第二次爆裂之後才會發揮風味的高地產硬質豆來說，十分不利。在中度烘焙的前提之下，很可能一不小心就會獲得較低的評價。

咖啡生產者為了因應此種評價方式想出的就是「生產出能夠輕易在審查會上獲得高評價的咖啡」。其中一個方法是利用半水洗式精製法減少硬質豆常有的不討喜味道（主要是酸味），讓整體味道變得順口。這裡的關鍵就是「風味柔和」。利用精製法隱藏原本的「粗獷」，引出「穩重」的一面，在杯測上獲得高度評價。

追求「風味柔和」還有其他方法，稱作「浸泡（Soaking）」，意思就是將咖啡豆泡水。

位在瓜地馬拉西北部高地的薇薇特南果產區多半採用傳統的水洗式精製法。經常獲選卓越杯 COE 的希望莊園（La Esperanza Farm）也同樣是將果肉去除洗淨後，把內果皮先浸泡在水槽的清水裡一整天，待咖啡豆整體的含水量平均、味道柔和後再行乾燥。這種「浸泡」方式在薇薇特南果產區相當普遍。

為什麼要進行「浸泡」步驟？我再重申一次，因為高地產的咖啡豆質地堅硬且帶有刺激的酸味，生產者必須盡可能柔和咖啡的風味，才能夠在卓越杯 COE 等杯測審查上獲得高分。也就是說，這些咖啡的味道都是配合審查會標準所產生。

◆生豆狀態直接乾燥

另外，為了追求「風味柔和」，生產者也著手開發新品種咖啡，帕卡馬拉種（Pacamara）就是其中

不同精製法的差異（印度）

水洗式精製法：印度等地採用的主流做法。

乾燥式精製法：在印度產量稀少，相當罕見。

季風精製法（注：將生豆陳年的方式）：刻意讓新豆吹過季風，使豆子帶點黃色。

之一，這部份後頭會再詳細說明，帕卡馬拉種咖啡是由帕卡斯（Pacas，波旁的突變種）和馬拉戈吉佩（Maragogype，帝比卡的突變種）人工配種而成，產自薩爾瓦多。帕卡馬拉種咖啡豆生長在高海拔土地上，特色是具有茉莉花般的香氣，雖然是高地產咖啡卻沒有刺激的酸味。將這種咖啡豆浸泡之後，就製作出了「符合審查會喜好」的味道。

另一方面，印尼的蘇門答臘島採用獨特的「蘇門答臘濕剝式」精製法。首先去除果肉，將半乾燥狀態的帶殼豆去殼後，以日曬方式曬乾高水份的生豆（日曬場多半有屋頂）。一般的乾燥式精製法是將咖啡果實（咖啡櫻桃）曬乾，水洗式則是內果皮烘乾。而這種濕剝式精製法則是曬乾生豆，相當獨特。

此一獨特精製方式的誕生是為了因應突如其來的氣候變化或國家基礎建設不足等情況，利用這種精製法只需4～5天（一般精製法必須花上10～14天）的乾燥即可。日本人喜愛的曼特寧生豆帶有比其他地區生豆更深的綠色，而該顏色與風味就是來自此種精製法。

◆非洲棚的盛行

接下來談到「乾燥」。乾燥方式大致上分為日曬乾燥（Sun Dry）與機械乾燥（Machine Dry）兩類，目的在於將含水率降至10～12%。在此補充一點，剛收成的咖啡果實（咖啡櫻桃）含水率是60～80%，帶殼豆則是50～60%。必須調整至12%左右才能夠出口。

一般來說日曬乾燥法是在「中庭」（西班牙文稱為Patio）的紅磚或水泥地面廣場進行，但是最近已經不純粹使用日曬乾燥，而是根據「想要製造出何種風味」決定中途是否搭配機械乾燥，或是改採非洲棚（高床式乾燥），各式各樣的乾燥法組合應運而生。乾燥法能夠微調香氣，因此與精製法一樣，生產者開始摸索各種乾燥方式與組合。說穿了，現況就是廉價咖啡攤在日曬場上曬乾，高價咖啡則是用棚子曬乾。

另外，有些咖啡園會配合海拔位置分別進行機械乾燥或日曬乾燥。純粹使用機械乾燥的話，不僅燃料費太高，而且會製造過多二氧化碳。顧慮到環保，因此必須巧妙配合使用日曬乾燥法。

非洲棚則是一種來自非洲的高床式乾燥法。如果直接將咖啡果實（紅色果實）或帶殼豆攤在日曬場上，混入土壤細菌及異物的風險較高，若是採用通風良好的棚子配合適度攪拌避免發酵，咖啡豆就能夠均勻乾燥。巴西等地稱之為「高床式乾燥法」，這也是因應精品咖啡時代「少量多品種」而產生的乾燥方式。

肯亞生豆的分級

由最高等級開始依序是：
① AA^{+} ② AA ③ AB ④ C
⑤ E ⑥ TT ⑦ T
圓豆不算在內

印度生豆的分級

AP 是阿拉比卡咖啡園（Arabica Plantation）的簡稱，AA 是能夠通過 18 號以上篩網的特級品。

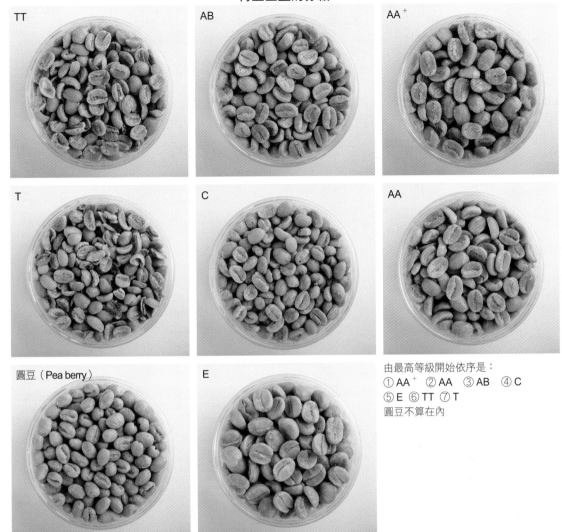

◆淘汰麻袋

和我有生意往來的巴拿馬咖啡園採用乾燥式、水洗式精製法，加上蜜處理法、非洲棚等，什麼都有。若是小批次的話，就能夠對應任何精製法、乾燥法的要求。「顧客至上主義」也入侵處於精品咖啡時代的咖啡園了。

最後必須一提的就是生豆包裝型態的大幅改變。一般流通豆現在主要仍以麻袋包裝，不過精品咖啡出

薩爾瓦多聖文森（St. Vincent）產區的蒙地卡羅莊園（Monte Carlo）。鋪紅磚的日曬場上正在曬乾帶殼豆（非咖啡果實）。

肯亞錫卡產區佳娜莊園的非洲棚。

現後就改變了，變成以真空包裝或是一般稱GrainPro（美國GrainPro Inc.的產品）的穀物用塑膠內袋包裝為主流。

真空包裝幾乎都是小份量（Portion），分裝成十公斤或二十二點五公斤的大小即可裝入紙箱中運送。沒有麻袋特有的灰塵味道，一打開袋子，新鮮青草味就會撲鼻而來，讓人再次感嘆「果然精品咖啡就是不一樣……」。

另一方面，塑膠內袋包裝能夠耐熱、耐濕氣，且能阻擋氧氣和水份，因此對於曾經因為衣索比亞咖啡的農藥殘留問題（麻袋重複使用造成？）而大受影響的咖啡業界來說，相當期待塑膠內袋包裝的普及。此種包裝目前仍在測試階段，不過相信今後將會成為主流。

但是，雖然此種塑膠內袋包裝能夠避免咖啡豆沾附麻袋味，並可達到防止污染的效果，不過我也聽過負責進出口的貿易公司員工擔心運送過程中（精品咖啡通常採用冷凍貨櫃運送）的溫度變化等問題會造成塑膠袋內凝結露水。目前的主流做法是在麻袋內加上塑膠內袋。

塑膠內袋包裝的生豆。此種包裝方式通常用於有機作物或小批次的精品咖啡豆。正在東非與中美洲急速普及。

真空包裝（照片中是30kg裝）。靜置生豆可確保品質長時間不變。

精品咖啡的美味之處

◆品種的影響微乎其微

咖啡的歷史也可說是品種改良史，近年來已經由致力於防範病蟲害，轉為與羅布斯塔種交配，也就是混種。混種的目的主要還是在於追求高產量品種。但是近十年來精品咖啡的出現，大幅改變了品種改良的目的，人們由重視「產量」轉而重視「美味」。尤其是精品咖啡的評價重點在於「讓人記住的美味」，也就是香氣讓人「印象深刻與否」及其「獨特性」，因此改良方向轉為追求「美味」也是理所當然。

問題是咖啡的「品種」與「美味與否」不能劃上等號。以葡萄酒為例，「風土」與「葡萄品種」兩者交織造就出葡萄酒的特色，但是咖啡的話，一如前面曾經提過，不只受到微氣候或風土的影響，精製法、烘焙方式等諸多條件也會大幅影響咖啡香味。品種影響只佔這些條件的極少部份而已。

葡萄酒的話，波爾多省的卡本內蘇維濃（Cabernet Sauvignon）與布根地省的夏多內（Chardonnay）葡萄是最具代表性的高貴品種，無論在哪個國家、哪個地區生長，只要做成葡萄酒，卡本內就會釋放出卡本內、夏多內就會釋放出夏多內特有的香氣，它們的品種特性就是這麼強烈，簡單明瞭。英國葡萄酒專家休・強生（Hugh Johnson）曾經這麼說過：「要了解葡萄酒就必須從葡萄品種開始學起。」

那麼咖啡品種又是如何呢？我相信應該很少有人喝下一口就能說：「這是帝比卡種」、「這一定是波旁種」吧。待會兒將介紹的藝妓種或許個性較鮮明，不過那也僅限於透過一定的烘焙程度烘焙過後才能夠突顯出來。阿拉比卡種咖啡之中，就屬長久以來受到眾人喜愛的優質品種帝比卡最缺乏特色。使用百分之百帝比卡種煮出的咖啡清爽順口，卻又少了點什麼，味道相當平淡，反而不受到青睞。

我的好友、人氣網站「百咖苑」的站長，也是熟悉咖啡味覺生理學的滋賀醫科大學醫學博士旦部幸博先生解釋為什麼咖啡品種不似葡萄酒品種般，具有顯著的特性：

「衣索比亞野生種咖啡事實上包括了許多品種，其中極少部份歸類為葉門種，另一部份稱為帝比卡或波旁。這些品種生長到後來發生突變或是經過人工混種，而逐漸遍及全世界，因此這些品種彼此差距不大，每一種都有著相同的滋味、風味。例外的大概只有藝妓種 Geisha 而已。」

若是追溯每一品種的祖先，大致上都是帝比卡或波旁（並稱為兩大原生品種），也因此咖啡品種之間沒有顯著的特性差異。「只有藝妓種例外」是因為藝妓種屬於衣索比亞野生種之一，而且沒有什麼繞道，保持野生種的性質就直接來到中美洲的哥斯大黎加，此後蟄伏五十年，直到來到巴拿馬的土地，它的華麗資質才終於開花結果。

◆源自衣索比亞的藝妓種

既然談到藝妓種，我們就來說說這個特別的咖啡豆。此品種是一九三一年在衣索比亞發現，來到哥斯大黎加則是要到一九五三年。其後雖然傳到了巴拿馬，卻因為產量少而未受重視。如果沒有命運的捉弄，藝妓種咖啡或許會就這樣從歷史上消失，但是到了二〇〇四年巴拿馬國際拍賣會「BEST OF PANAMA」上，「翡翠莊園」（Hacienda La Esmeralda）的藝妓咖啡拍賣出史上最高價格，以黑馬之姿現身於咖啡市場。

其後翡翠莊園的藝妓咖啡持續出擊，在同樣的拍賣會上連續四年勇奪第一。二〇〇七年的拍賣價格更高達每磅一百三十美元的天價，所獲得的評價簡直無人望其項背，因此被稱為是咖啡界的「侯瑪內－康地」（Romanée-Conti，紅酒之王），或是「咖啡品種之中的冠軍」。

接著到了二〇一〇年，日本公司以每磅一百七十點二美金的空前高價標下，藝妓風味咖啡似乎出現過熱的情況。再加上近年來出口到韓國、台灣等亞洲國家的比例逐年增加，咖啡園雖然大幅度擴張，供給不及的情況仍在持續。這可說是一種「社會現象」，也可說是一種風潮。

藝妓咖啡之所以一躍成名，都要歸功於它那股人

阿拉比卡種 ***Coffea arabica*** 的主要栽培品種（混種除外）

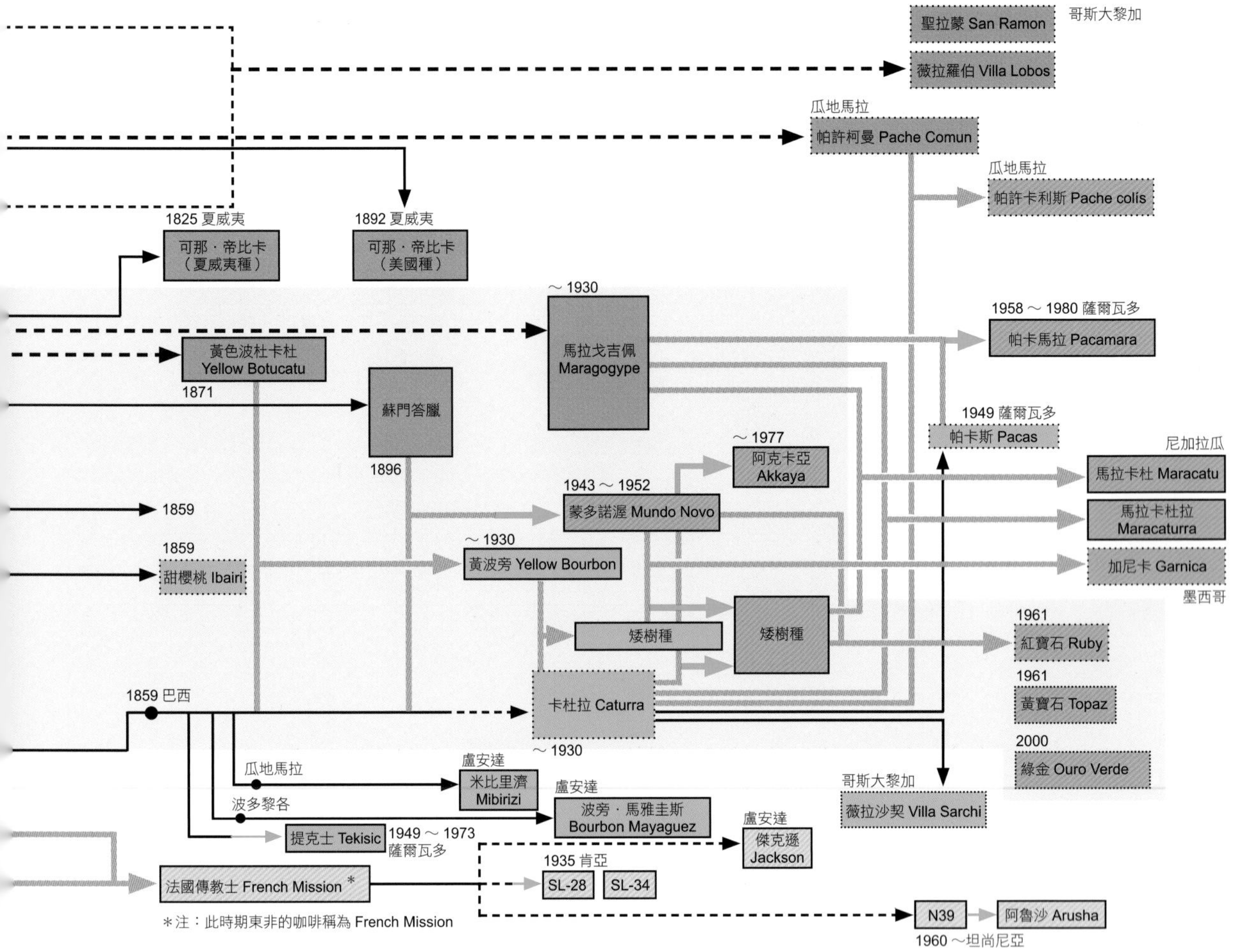

＊注：此時期東非的咖啡稱為 French Mission

稱「摩卡香」的香氣。

既然藝妓是來自衣索比亞的野生種，具有類似衣索比亞豆、摩卡豆的香氣也是理所當然，但是它的柑橘系風味與伯爵紅茶般的後味，是其他種類所沒有的。拍賣會的國際審查員給予藝妓咖啡滿分的原因，恐怕就在於它具備其他品種所沒有的無形又獨特的特性。藝妓咖啡的特色鮮明，幾乎人人一喝就知道它是藝妓咖啡。拿過去的說法來說的話，就是可媲美摩卡或曼特寧的個性派。遲至二十一世紀才受人矚目也是值得玩味之處。

◆故步自封的日本咖啡

藝妓的確是具有獨特性的品種，但也有些人不喜歡它類似檸檬茶般的香味。有些人認為：「我為什麼要花大錢喝有檸檬茶味道的咖啡？如果要這樣，我喝檸檬茶不就好了？」我也尊重藝妓咖啡的特性，不過我認同的只是它的咖啡味，若是柑橘系的味道過於突出的話，或許我也會排斥。簡單來說就是平

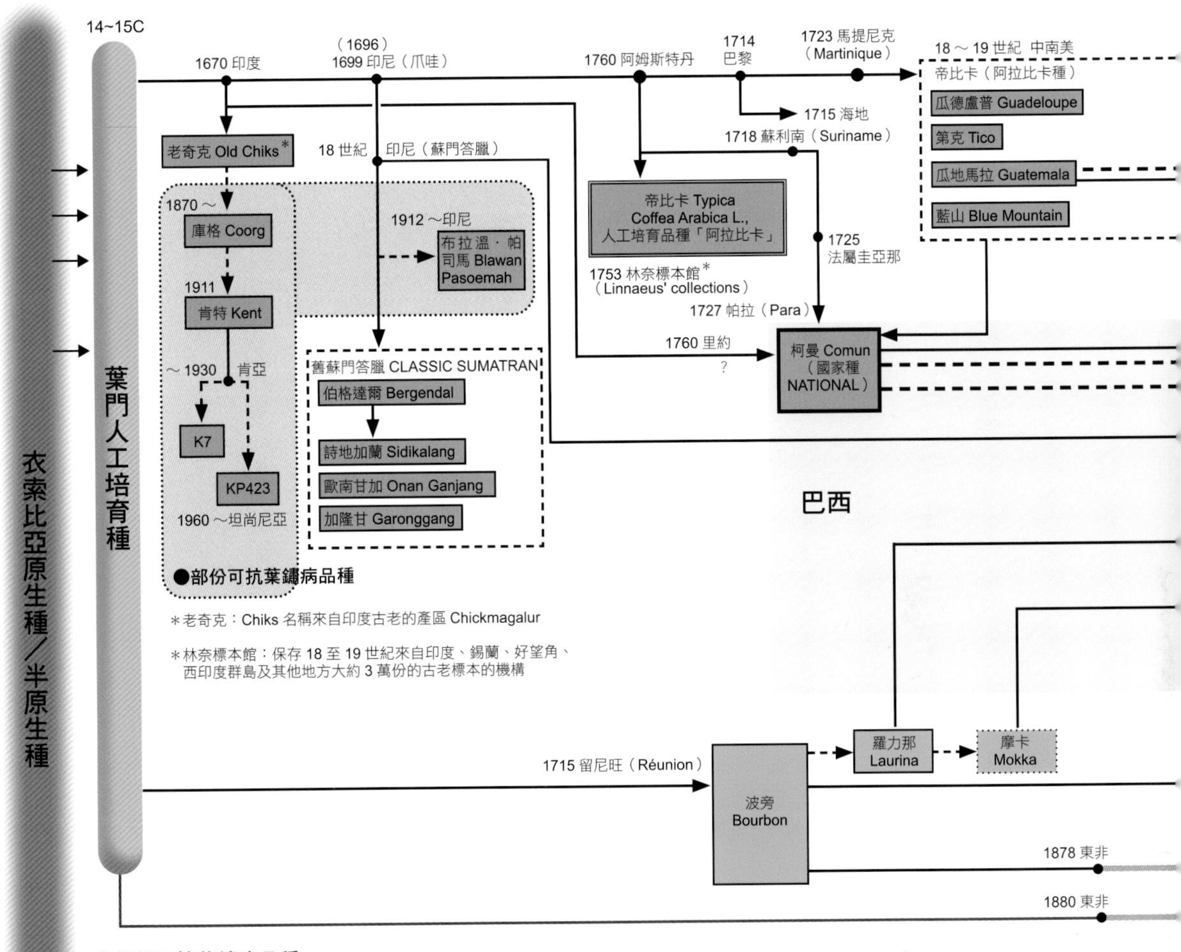

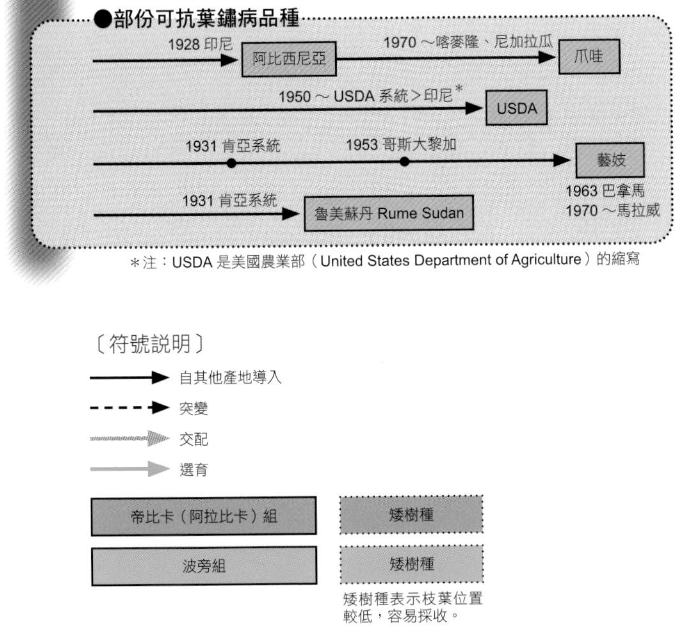

衡與否的問題。

目前我主導的巴哈集團內有兩派意見，有些分店配合風潮引進藝妓咖啡，有些則完全不採用。前面曾經提到的旦部先生指出：

「歐美人與日本人對於好喝的味覺標準恐怕不同。歐美人，尤其是美國人重視香氣，日本人則講究口味與醇厚

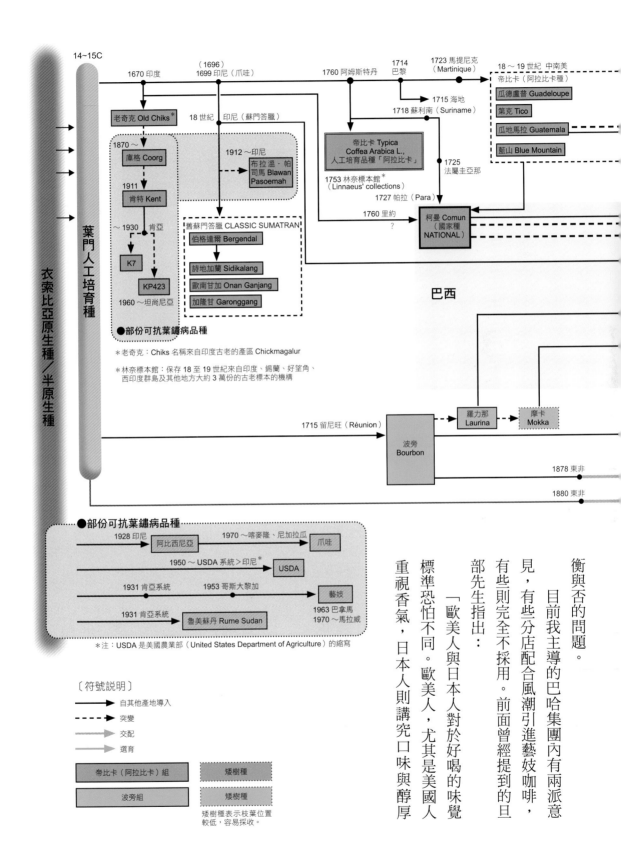

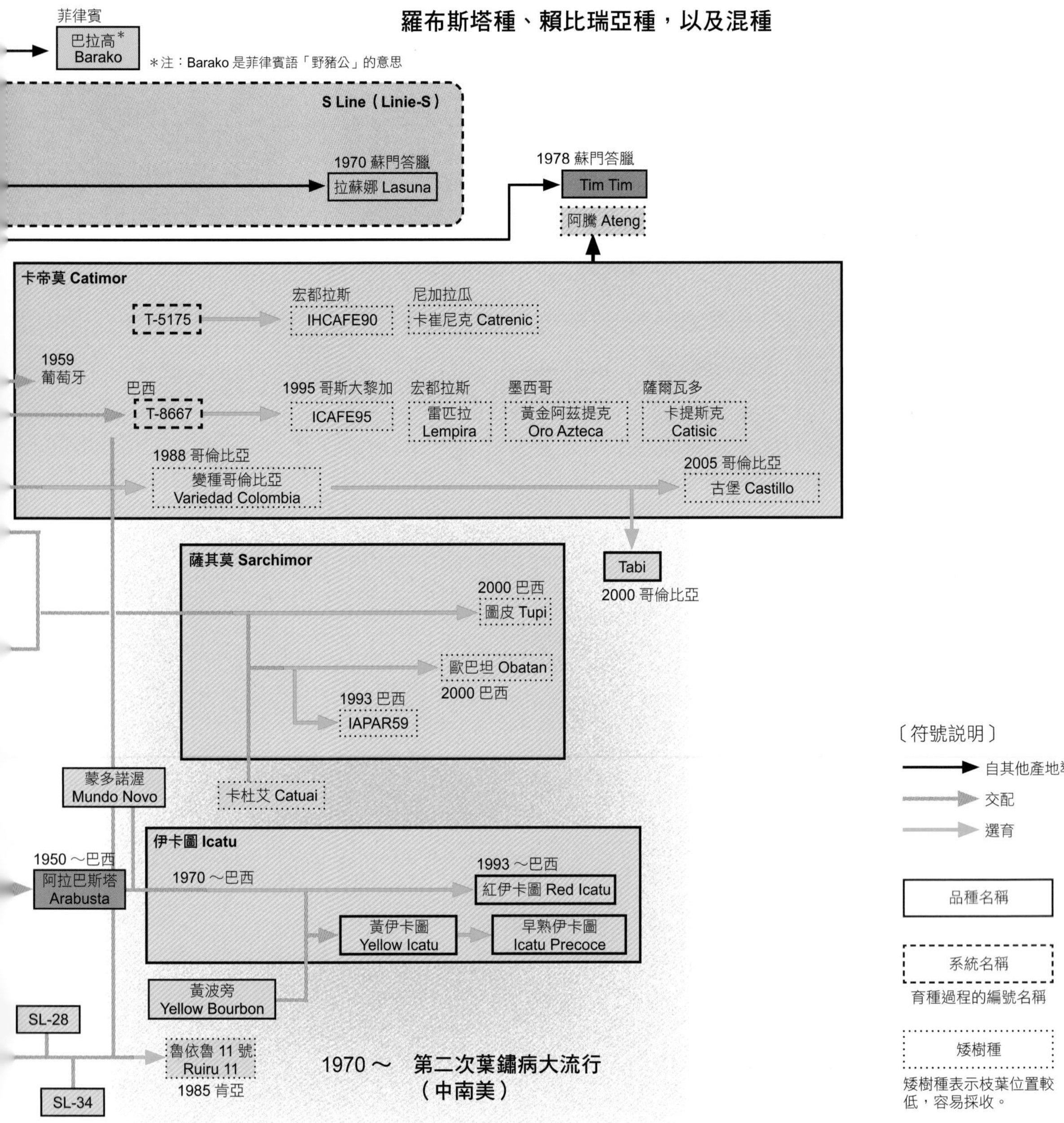

度。因此在味覺評價上也區分為日本派與SCAA派兩類。」

他又進一步提到：

「日本咖啡有故步自封的傾向，我是指好的意思。」

連滴濾咖啡這種瑣碎步驟都很講究的就只有日本了。如果深入探究這個小世界的話，不知不覺就會領先全球建造出最先進的深奧世界。大概就是這樣。

旦部先生表示瀏覽過全世界的文獻後就會發現，雖然有針對每個產地比較香味成份差異的研究，但是卻沒有比較每個品種的研究。文獻中雖

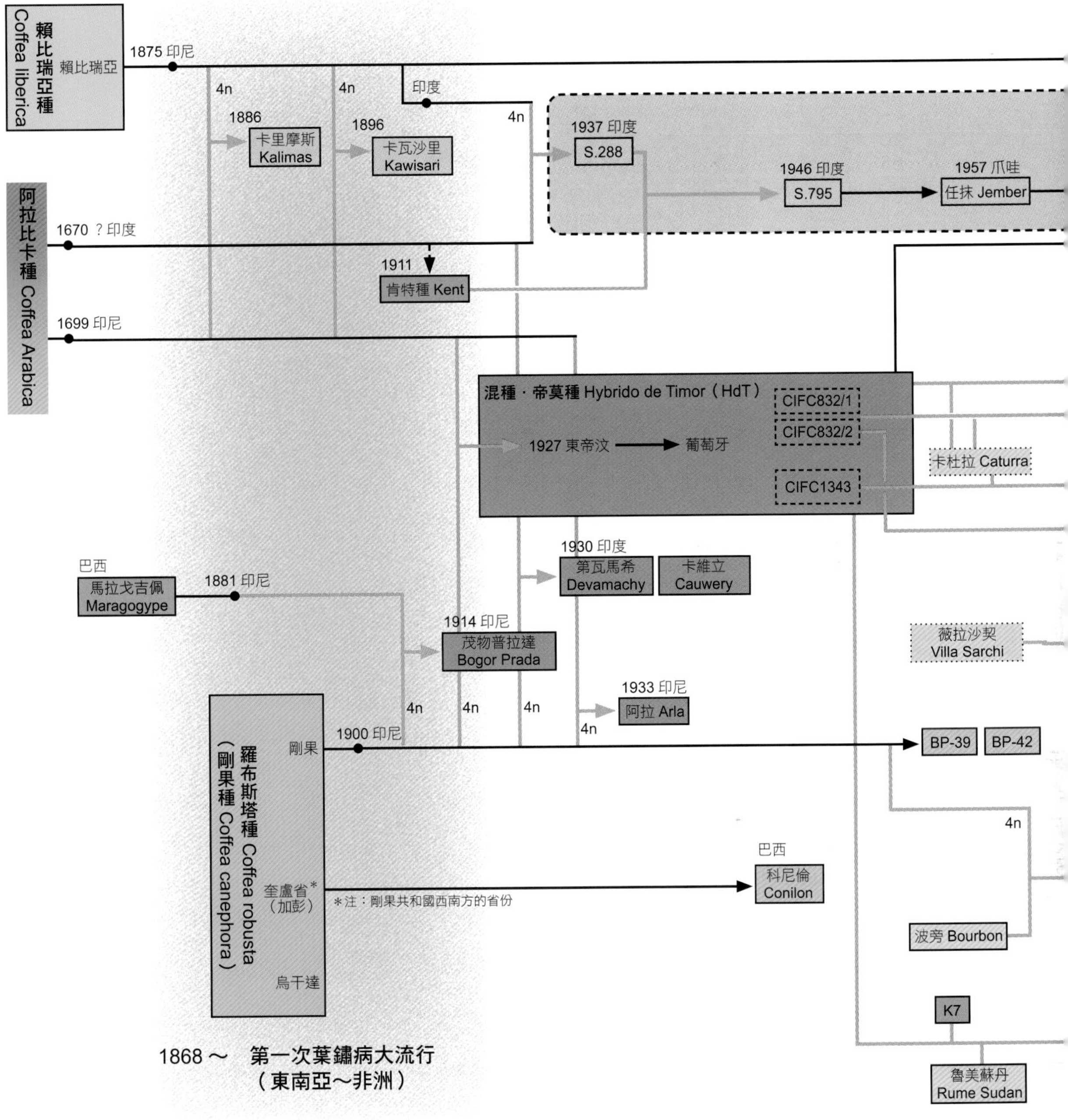

然出現屬於優質品種的帝比卡、波旁的名字，卻沒有進一步提出來與其他品種進行分析比較。

「帝比卡、波旁的豆子形狀雖然不同，但香氣成份卻沒有太大差異。比較咖啡時，烘焙造成的特性差異遠勝於品種的影響。」旦部先生這麼說。

前面我也曾經提過，事實上屬於固有種的帝比卡咖啡反而不受青睞。此品種的特徵是豆質雖然柔軟、容易烘焙、味道清爽順口，但也容易傾向口味單調。另一方面，主流品種的卡杜拉（Caturra，波旁的突變種）、卡杜艾（Catuai，蒙多諾渥〔Mundo Novo〕與卡杜拉的交配種）等高產量咖啡豆在烘焙時不易膨脹，經常變得灰溜溜的，始終無法產生皺摺。雖有口感但味道稍嫌不夠清爽（有透明度的風味）。大抵來說，味道清爽度高，多半就會缺乏口感。

◆在帕卡馬拉種受歡迎的背後

接著要談到帕卡馬拉咖啡。知名咖啡獵人川島良彰談到，在開發新品種時，品種的認定必須費時二十五年。38頁曾經提過小顆的帕卡斯與超大顆的馬拉戈吉佩交配出新品種的帕卡馬拉咖啡，巴拿馬既已售出藝妓咖啡，哥斯大黎加等其他國家反而不是一味跟風，如瓜地馬拉就是積極企劃出帕卡馬拉咖啡。在精品咖啡時代，如何推銷各自的獨特性也相當重要。

屬於波旁種系統的帕卡斯味道溫和順口，馬拉戈吉佩則是酸味較弱，沒有明顯的特色。混合這兩個品種的帕卡馬拉種咖啡，豆子大小雖然不平均，但是烘焙後的味道意想不到的溫和，且帶有適度的酸味。生豆呈現深綠色，因此乍看之下以為豆質很硬，烘焙時相較之下反而容易烘焙。如果是經過「浸泡」程序的話，就更容易烘焙。

至於味道方面，口感豐富且帶有餘韻。也就是說，它強化了味覺評鑑項目中的「口感」與「餘韻」。過去瓜地馬拉薇薇特南果產區種植的咖啡因為來自高地，因此豆質相當堅硬，不易烘焙。但如果是帕卡馬拉咖啡的話，不但烘焙容易，而且經過半水洗式精製法與浸泡程序之後，會變得質地更柔軟、更容易烘焙。

再加上如果只挑選成熟豆精製的話，在評鑑項目的「甜度」與「清爽度」評價將會更高。生產者就像在算數學一樣，必須透過精密計算，創造出能夠在審查會上獲取高評價的「味道、風味」。

瓜地馬拉推出帕卡馬拉咖啡，尼加拉瓜則是以「馬拉卡杜」種決勝負。馬拉卡杜種咖啡是馬拉戈吉佩與卡杜艾的交配種，屬於19號篩網以上的大顆豆種。尼加拉瓜的馬拉戈吉佩種原本就是美味的咖啡豆，可惜產量少。因此嘗試與高產量的矮生種（樹高較低，便於採收）的卡杜艾混種，最後產出具有花香與溫和酸味的品種，而且還帶有在葡萄酒範疇被稱為複雜精妙的味道。

帕卡馬拉與馬拉卡杜都是人工交配而成，而在哥斯大黎加發現的「薇拉沙契」與「薇拉羅伯」則是自然交配而生的波旁與帝比卡突變種。哥斯大黎加咖啡給人的印象原本是味道單調、酸味強烈，但這兩品種則是酸味馥郁且帶有果香。酸味適當的咖啡也會散發出適度的甜味，因此杯測成績相當高。酸味之中分為

烘焙香氣表（咖啡液香味）

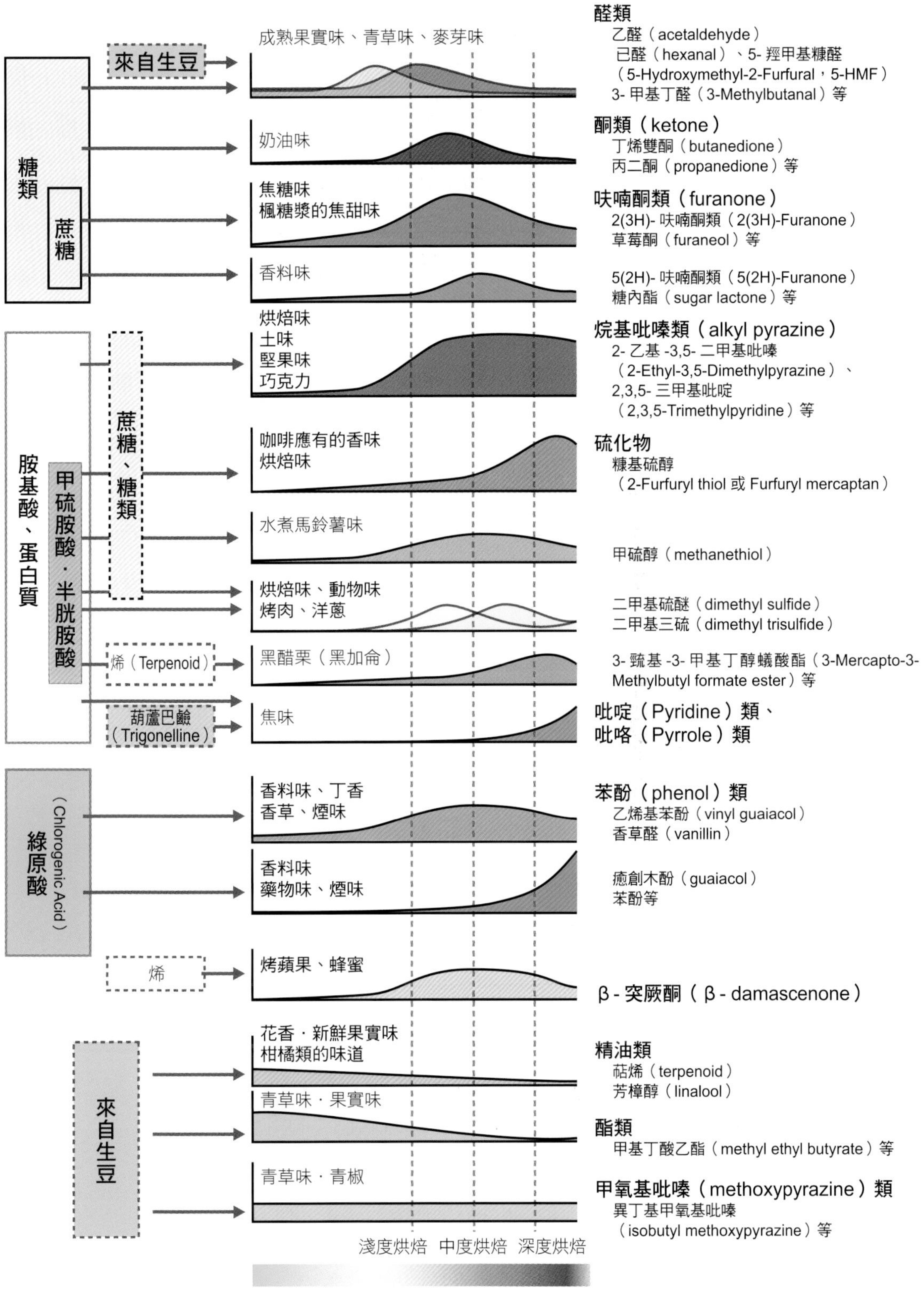
糖類
蔗糖
來自生豆
成熟果實味、青草味、麥芽味
醛類
乙醛（acetaldehyde）
已醛（hexanal）、5- 羥甲基糖醛
（5-Hydroxymethyl-2-Furfural，5-HMF）
3- 甲基丁醛（3-Methylbutanal）等
奶油味
酮類（ketone）
丁烯雙酮（butanedione）
丙二酮（propanedione）等
焦糖味
楓糖漿的焦甜味
呋喃酮類（furanone）
2(3H)- 呋喃酮類（2(3H)-Furanone）
草莓酮（furaneol）等
香料味
5(2H)- 呋喃酮類（5(2H)-Furanone）
糖內酯（sugar lactone）等
胺基酸、蛋白質
蔗糖、糖類
甲硫胺酸・半胱胺酸
烘焙味
土味
堅果味
巧克力
烷基吡嗪類（alkyl pyrazine）
2- 乙基 -3,5- 二甲基吡嗪
（2-Ethyl-3,5-Dimethylpyrazine）、
2,3,5- 三甲基吡啶
（2,3,5-Trimethylpyridine）等
咖啡應有的香味
烘焙味
硫化物
糠基硫醇
（2-Furfuryl thiol 或 Furfuryl mercaptan）
水煮馬鈴薯味
甲硫醇（methanethiol）
烘焙味、動物味
烤肉、洋蔥
二甲基硫醚（dimethyl sulfide）
二甲基三硫（dimethyl trisulfide）
烯（Terpenoid）
黑醋栗（黑加侖）
3- 巰基 -3- 甲基丁醇蟻酸酯（3-Mercapto-3-Methylbutyl formate ester）等
葫蘆巴鹼
（Trigonelline）
焦味
吡啶（Pyridine）類、
吡咯（Pyrrole）類
綠原酸
（Chlorogenic Acid）
香料味、丁香
香草、煙味
苯酚（phenol）類
乙烯基苯酚（vinyl guaiacol）
香草醛（vanillin）
香料味
藥物味、煙味
癒創木酚（guaiacol）
苯酚等
烯
烤蘋果、蜂蜜
β - 突厥酮（β - damascenone）
來自生豆
花香・新鮮果實味
柑橘類的味道
精油類
萜烯（terpenoid）
芳樟醇（linalool）
青草味・果實味
酯類
甲基丁酸乙酯（methyl ethyl butyrate）等
青草味・青椒
甲氧基吡嗪（methoxypyrazine）類
異丁基甲氧基吡嗪
（isobutyl methoxypyrazine）等
淺度烘焙
中度烘焙
深度烘焙

「討喜的酸味」與「不討喜的酸味」，而這兩者都是擁有討喜酸味的典型。

哥斯大黎加將這些品種仔細區分在各個田地上栽種。多虧有產量低的藝妓種獲利高於帝比卡種七~八倍的前例，因此後來出現的品種也希望承襲同樣的好處。

較晚才加入精品咖啡戰線的哥倫比亞也開發出新一代的「古堡」（Castillo）種；巴西則有「伊卡圖」（Icatu）種；肯亞則有「魯依魯十一號」（Ruiru 11）問世。無論何種品種在味道方面都有長足進步，變得更加有個性。

就算產量不高，若能獲選卓越杯COE替咖啡園打響名號的話，即使是「少量多品種生產」也能夠符合成本。今後也會延續藝妓咖啡與帕卡馬拉咖啡帶起的風潮，繼續著手改良出重視味覺的品種。

◆苦味主要來自綠原酸

談到這裡，我們來聊聊咖啡的「好喝」。一如各位所知，人類的味覺之中包括五種基本味道（甜、酸、鹹、苦、鮮味）。其中，基本上一般認為「甜、鹹、鮮味」屬於討喜＝好喝的味道，「酸、苦」屬於不討喜＝難喝的味道。

為什麼一般人會避免「酸、苦」呢？這是人類演化過程中與生俱來的生存智慧。酸味和苦味感覺上就像是自然界中存在的腐壞物、毒物，因此人類將攝取「甜、鹹、鮮味」視為有益處，而將「酸、苦」視為有害物質。

而影響咖啡「好喝」的原因在於咖啡基底味道中原本應該避免的「酸、苦」味。諷刺的是這些「酸、苦」卻成了咖啡「好喝」的原因。一般人認為咖啡的特色就是複雜的苦味，屬於成年人的飲料。因此這裡我們將探討「好喝與苦味」的關係。

◆淺度烘焙的酸味明顯，深度烘焙的苦味明顯

咖啡內含的苦味物質在烘焙過程中逐漸出現各種變化，不過比起單純只覺得苦的單調苦味，一般民眾更喜歡複雜、有咖啡感覺的苦味。那麼，究竟該烘焙到什麼程度才能得到這種「討喜的苦味」呢？

提到苦味的成份，多數人首先想到的就是咖啡因，事實上咖啡因的影響頂多只有10%，替咖啡帶來苦味的主要是褐色色素與綠原酸（Chlorogenic Acid）。

「我認為咖啡苦味的主要來源是綠原酸。根據最近的研究可知，烘焙時的化學反應（褐變反應）會促使綠原酸製造、釋放出諸多苦味物質。這些物質可分為兩大類。」精通此領域的旦部醫生如是說。

旦部醫生所說的兩大類如下所示：

烘焙味覺表

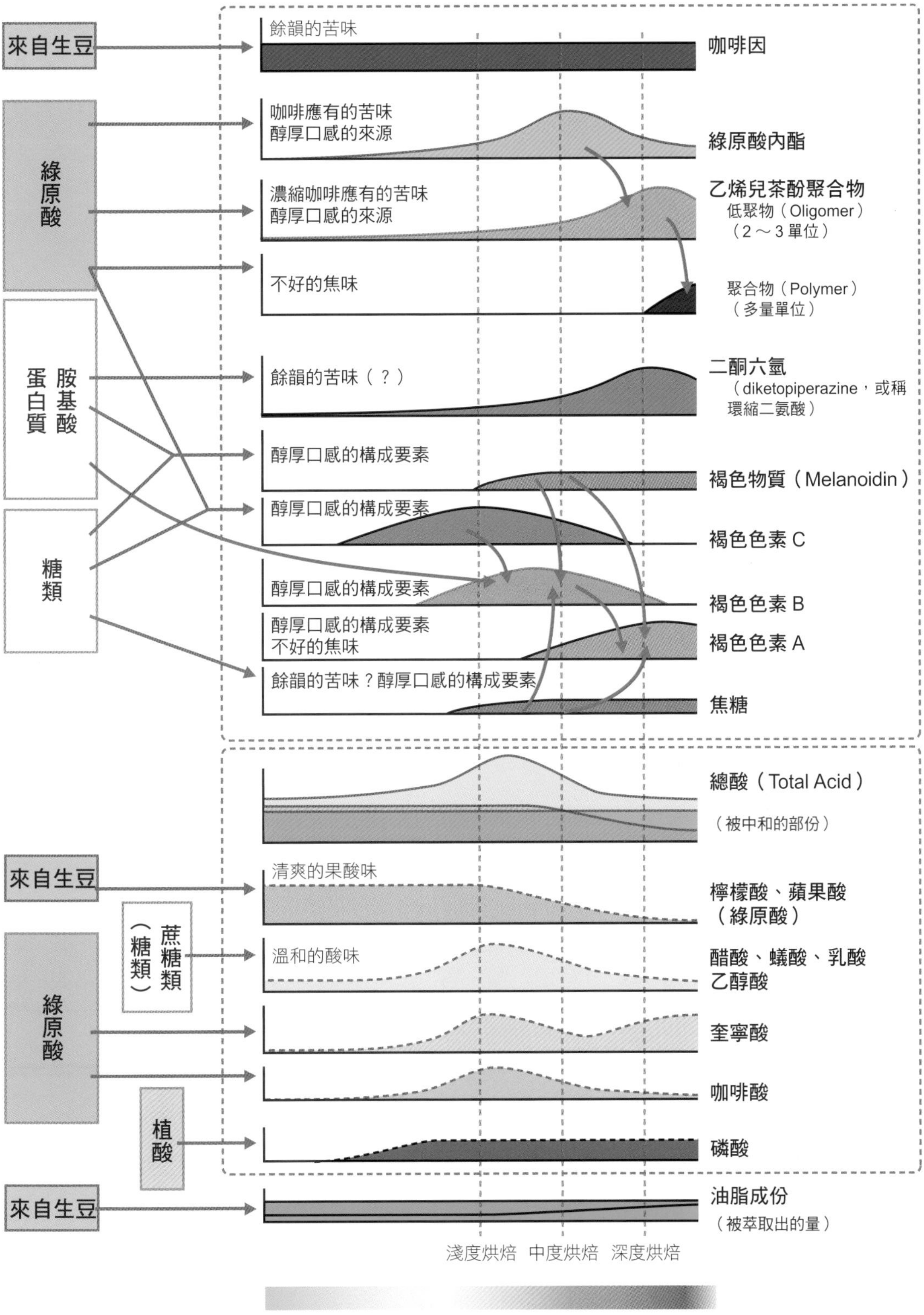
來自生豆
綠原酸
胺基酸
蛋白質
糖類
餘韻的苦味
咖啡因
咖啡應有的苦味
醇厚口感的來源
綠原酸內酯
濃縮咖啡應有的苦味
醇厚口感的來源
乙烯兒茶酚聚合物
低聚物（Oligomer）
（2～3 單位）
不好的焦味
聚合物（Polymer）
（多量單位）
餘韻的苦味（？）
二酮六氫
（diketopiperazine，或稱
環縮二氨酸）
醇厚口感的構成要素
褐色物質（Melanoidin）
醇厚口感的構成要素
褐色色素 C
醇厚口感的構成要素
褐色色素 B
醇厚口感的構成要素
不好的焦味
褐色色素 A
餘韻的苦味？醇厚口感的構成要素
焦糖
總酸（Total Acid）
（被中和的部份）
來自生豆
清爽的果酸味
檸檬酸、蘋果酸
（綠原酸）
蔗糖類
（糖類）
溫和的酸味
醋酸、蟻酸、乳酸
乙醇酸
綠原酸
奎寧酸
咖啡酸
植酸
磷酸
來自生豆
油脂成份
（被萃取出的量）
淺度烘焙
中度烘焙
深度烘焙

①綠原酸本身產生的綠原酸內酯（Chlorogenic acid lactone）
②咖啡酸（Caffeic acid）產生的乙烯兒茶酚聚合物（Vinyl Catechol Oligomers）

附帶補充一點，咖啡酸與奎寧酸（Quinic acid）是烘焙產生的綠原酸分解物。依照旦部醫生的說法，①和②兩組恐怕就是造成咖啡苦味的核心物質。

◆「好苦味」與「壞苦味」

旦部醫生在此提出烘焙前必須知道的重要想法。以下就是該內容：

「烘焙咖啡的過程中，首先在淺度烘焙到中度烘焙的階段會產生綠原酸內酯，製造出『咖啡般的』苦味。接著進入深度烘焙階段時，綠原酸內酯減少，取而代之的是乙烯兒茶酚聚合物增加，就會產生如濃縮咖啡般、深度烘焙特有的苦味。這個流程除了說明烘焙對苦味變化的影響，也擔負了重要的核心角色。」

將發音困難的「綠原酸」與「乙烯兒茶酚聚合物」擺在一起比較時，會發現前者是「愉快的苦味」，後者則是英文所謂的Harsh bitterness。我不是指濃縮咖啡的苦味不好，而是這通常是表示「不愉快的苦味」。也就是說，為了提供顧客「愉快苦味」的咖啡，必須在苦味成份含有過多乙烯兒茶酚聚合物之前停止烘焙，原因就是如此。

關於乙烯兒茶酚聚合物的苦味，旦部醫生形容：「類似濃縮咖啡般醇厚的苦味，但是太濃就會令人不舒服，如果繼續深度烘焙下去，將會變成只是很苦的單調苦味咖啡。」避免變成這種苦味的方法在第2章「技術篇」中將會詳細說明，到這裡各位只需知道綠原酸能夠帶來「好苦味」（優質苦味）也能帶來「壞苦味」（劣質苦味），肩負著製造苦味的重要任務即可。

各位已經明白綠原酸的重要性。既然如此，綠原酸愈多的話，是否就能夠製造出咖啡特有的苦味、是否就是「好咖啡」？事實上並非如此。旦部醫生解釋道：

「一般認為生豆中的綠原酸含量愈多，杯測時的品質愈差。其實羅布斯塔種咖啡的綠原酸含量比阿拉比卡種咖啡更多。另外發酵豆、黑豆等瑕疵豆的綠原酸含量也往往較多。因此並非單純是『綠原酸愈多愈好』。」

附帶補充一點，阿拉比卡種咖啡的綠原酸含量是5～8%，羅布斯塔種是7～11%。

第2章

技術篇
精品咖啡的烘焙

我們可以說咖啡的味道取決於原料生豆的好壞。因為事實上的確如此，但是原料並非一切。即使是入選卓越杯 COE 的咖啡豆，如果隨便烘焙也是枉然。再說，精品咖啡的烘焙可不只是單純的烘焙，必須能夠牽引出豆子的個性與特色。什麼樣的烘焙能夠突顯「特色」？本章將觸及核心。

巴哈咖啡館所有的咖啡豆都要經過 8 ～ 24 甚至是 32 個烘焙階段。這過程稱作「基本烘焙」。照片中正在使用名匠 2.5 公斤專用烘焙機製作烘焙樣本。

系統咖啡學

有人說，烘焙既困難又深奧，或許真是如此。但是要論深奧的話，用手機打電子郵件在我看來也很深奧。只要深入探究，無論什麼事情都存在值得傾聽的知識。我認為即使是咖啡名人，如果知識沒有更新，甚至還隨口說出「深奧」，實在丟臉。畢竟自家烘焙咖啡並沒有世人認為的那般複雜。

這四十年來，我和妻子、員工們經營著巴哈咖啡館，一路走來始終專注於烘焙與萃取的過程。如果說這過程中我學到了什麼，應該便是「科學精神」。這麼說或許有點自以為是，究竟科學精神是什麼？就是排除主觀與重現。

身為咖啡店經營者，我經常自問底下兩個問題並引以為戒：

①味道可能再度重現嗎？

②技術可能共享與傳承嗎？

如果「最後端靠專家的直覺」，便無法將技術傳承給後進，造成培訓人才的過程停滯。另外，缺乏「專家的直覺」也成了無法創造出同樣味道的理由。這樣子咖啡店無法穩定經營，也無法建立信用。因此我排斥將技術論裹上神秘主義的外衣，強調咖啡學之中必須存在所有人都能夠理解的「共通語言」。在這層意義之下，精品咖啡的出現與普及，可透過全世界共通的代號共享價值觀，也是我多年來所期望的結果。

接下來將進入如何烘焙精品咖啡的實踐篇，不過在那之前，我先簡單複習一遍過去曾經提倡過的

「系統咖啡學」觀念（請參考積木文化出版《咖啡大全》）。

「系統咖啡學」聽起來很高深，不過簡單來說，各位只需把它當成血型性格分類一樣即可。

長年烘焙咖啡的話，任誰都會注意到有些咖啡豆屬於同樣類型。具備同樣性格的咖啡豆仿照血型A、B、O的分類方式，分成A～D四種類型，且每個類型都擁有適合的烘焙法，這就是「系統咖啡學」的架構。

四大類型與烘焙度的關係圖

烘焙度／類型	D	C	B	A
淺度烘焙	×	△	○	◎
中度烘焙	△	○	◎	○
中深度烘焙	○	◎	○	△
深度烘焙	◎	○	△	×

只要按照橘色標示煮咖啡，就能夠做出美味的咖啡。

只要按照這種分類方式，當高地產的硬質豆採用淺度烘焙時，就不會有「這咖啡好酸」的埋怨，相反地，也不會犯下將低地產軟質豆採用深度烘焙，因而煮出空洞滋味的愚蠢行為。經驗是學不來的，必須花費時間親自體會，但也有些偏執狂希望豆質厚實堅硬的哥倫比亞豆能夠採用淺度烘焙，還要求「降低酸味」。

哥倫比亞、瓜地馬拉等高地產的硬質豆要降低酸味又要淺度烘焙？這種要求雖不至於說辦不到，但的確需要特技般的複雜技術，我認為自己辦不到。這就像是把啤酒加熱飲用一樣，完全喪失了原本的好風味。

事實上我期望各位能夠實際體驗這類「辦不到的烘焙」，並從失敗中學到自己的經驗法則，不過我還是先在此教導各位烘焙的訣竅。一方面是為了不枉費我的失敗經驗，希望各位讀者能夠從中學得「烘焙的靈感」。

◆根據「基本烘焙」分類

我的店裡採用名為「基本烘焙」的做法。這是趁著將咖啡豆分成A～D組時瞭解豆子特性的方法，首先進行「採樣」，將咖啡豆由生豆狀態到完全烘焙為止的過程分成幾個階段。一開始是「淺度烘焙→中度烘焙→中深度烘焙→深度烘焙」的4階段，接著是8

階段，然後細分為16階段、32階段烘焙，再利用杯測品嚐從輕度烘焙到義式烘焙的味道變化。這就是基本烘焙。

各位或許覺得手續繁瑣，但這是瞭解咖啡豆特性的捷徑，請務必讓店裡負責烘焙的人員動手進行。同時每種咖啡豆的資料如果都寫成烘焙紀錄表（可參考105頁），也容易看出哪些豆子有同樣的變化過程。這些相似的咖啡豆將逐一歸類為A～D四大類型。

分類時的標準「指標」如下：

①生豆的顏色
②烘焙時，黑色皺摺出現的狀態
③烘焙時，咖啡豆膨脹的狀態
④烘焙時，顏色變化的狀態

以①來說，各位只需記住一般而言「生豆的顏色會隨著時間由深綠色變成白色」。巴拿馬等豆質較軟的咖啡豆經過一年，水份流失後，顏色就會從深綠色變成白色。當然生豆的顏色不只是取決於水份含量，也會受到精製法等的影響，不見得「綠色較多＝新鮮」，這種判斷方式只是參考值，其誤差可利用②～④補充修正。

以這種方式即可簡單分類出A～D型，其特徵如下所示，亦可配合使用SCAA的「生豆色階分級」標準。

● A型：相當於SCAA「生豆色階分級」的Yellow-Green（黃綠色）到Greenish（淡綠色）

整體偏白色，豆子扁平少肉，豆表較平整光滑，多半產自低地或中高地，酸味與香氣較少。因為豆肉單薄，因此容易過火，可充分膨脹，外觀較討喜。適合淺度烘焙～中度烘焙，除了少部份例外，如果採用深度烘焙，就會像是沒有氣泡的啤酒一樣索然無味。

● B型：相當於SCAA「生豆色階分級」的Greenish（淡綠色）到Green（綠色）

適合各種用途。因為兼具部份A與C型的特性，因此可採用深度烘焙、中度烘焙、中深度烘焙，適用範圍廣泛。外表看來有些乾枯，豆表略微不平整。像摩卡．瑪塔利一樣，有些品種的成熟度、含水量、豆子大小不均，因此必須小心烘焙，避免煮焦，這也是這些豆子分類在B型而不是A型的原因。多數產自低地～中高地，透熱性不如A型。採用淺度烘焙容易出現澀味，必須小心。

● C型：相當於SCAA「生豆色階分級」的Green（綠色）到Bluish-Green（淺藍綠色）

多半是中高地產的咖啡豆。肉質較厚實，表面較平整，帶點淺綠色，有豐富香氣。最適合咖啡世界中號稱最深奧的中深度烘焙，也就是需烘焙到「二次爆裂」。墨西哥、巴西等綜合咖啡豆裡少不了C型，用途廣泛。另外還可取代B型、D型。略微乾枯是令人印象深刻的特徵。

● D型：相當於 SCAA「生豆色階分級」的 Bluish-Green 淺藍綠色到 Blue-Green 藍綠色

屬於高地產的大顆硬質豆。肉質厚實，含水量較多，因此不易過火，烘焙困難。豆表不平整，帶深綠色。採用淺度烘焙～中度烘焙的話，無法充分膨脹，中深度烘焙以上的烘焙度才能夠發揮其原有的風味。酸味強，使用容易突顯酸味的淺度烘焙反而加強它的酸味。烘焙愈久，味道也不會變得單調，擁有A型、B型咖啡豆所沒有的層次風味。

◆精品咖啡以 C 型為中心

以上介紹的是各類型咖啡豆特徵及適合的烘焙法，不過這裡指的是一般流通豆，也就是商業咖啡的情況，如果是精品咖啡，則有不一樣的做法。不同之處我們後頭再詳細說明，首先我希望各位記住的是，精品咖啡之中少有A型、B型豆，幾乎都是隸屬C型、D型的高地產硬質豆。也就是說烘焙上必然難度較高。

「SCAA 咖啡生豆顏色分級（色階）」與「系統咖啡學分類」對照表

SCAA 規定精品咖啡的生豆顏色為上列 8 階段中的藍綠色（Blue-Green）到黃白色（Pale Yellow）範圍。顏色會根據生產國、產地、精製法、時間而改變。

精品咖啡的四大類

◆在二次爆裂之前杯測

有些人一開始就採用杯測，或許這也是個好方法，畢竟若是無法在味覺審查的杯測上獲得高評價，就不能冠上精品咖啡之名。但是現行的杯測審查做法上仍有許多問題。

其中之一就是當作杯測樣本的咖啡必須採用規定的烘焙度。SCAA規定的烘焙度是Agtron（焦糖化測定器）#65~55（中度烘焙，可參考81頁）。也就是達到二次爆裂之前的烘焙度。意思是，若在二次爆裂後才能夠發揮獨特特性的咖啡無法獲得高評價。

反之，由於獲選的全都是在中度烘焙時能夠顯現強烈特性的咖啡豆，因此有一段時期「小顆豆」格外風行。人氣集中在圓豆和哥倫比亞特級（Colombia Excelso）等小顆豆上。原因在於顆粒大小一致的小顆豆容易烘焙，只要稍微烘焙就能夠散發出高雅的香氣，擄獲審查員的心。但是最近小顆豆不再獨占鰲頭，能夠散發出熱帶水果香氣的帕卡馬拉等新品種咖啡愈來愈多。

內人文子也是SCAA杯測審查員，她說：「愈喜歡強調杯測重要性的人，愈不願喝一般便利商店販售的冷藏杯裝咖啡。」

她表示談到精品咖啡便一定是中度烘焙的想法未免太簡單了。

我也有同感。因為在杯測上採用的烘焙度獲得高評價，因此端給客人時也採用同樣的烘焙度，只是愧對「咖啡師」的招牌。重點評鑑不過是採購原料生豆時的參考標準，不應該直接變成販賣給消費者的最終商品。

這段前言有點長，簡言之，業者應該替每種咖啡豆設定適合的烘焙度，才能夠當作商品。Agtron #65～55這範圍正好是介於第一次爆裂和第二次爆裂之間的烘焙度。我也曾經多次參加SCAA舉辦的杯測研討會，老實說經常碰到烘焙程度太淺而無法給予精確評價的情況。我個人認為Agtron #50左右才是最適當的烘焙度。

「中度烘焙」是相當棘手的烘焙度。味道與香氣複雜，每個人都有自己的主張，因此意見難以統一。實在找不出究竟哪一種才是這種咖啡豆最具特色的味道與香氣。

多位審查員在審查會上不斷以各種詞彙稱讚，也是味道與香氣太過複雜、無法統一的證明。

◆整體往D型方向各移動半型

接下來回到正題。進行最適合精品咖啡的烘焙前，我們必須先行分類，將各種咖啡豆分成A～D型。但是因為每種咖啡豆都獨具特性，很難劃分為單一類型。因此這裡要談談「不吻合的部份」，即不單屬任何一型。

首先希望各位回憶一下前面提過的「系統咖啡學」。大致上來說，含水量多、堅硬且豆質厚實的高地產咖啡豆酸味較多，肉質單薄且扁平的低地產咖啡豆酸味較少。也就是說，愈接近A型，酸味愈弱；愈接近D型，酸味愈強烈。根據此標準分組而成的就是A～D型。

完成咖啡豆分類後，記住各類型的特徵，就能夠有效發揮特色。比方說，如果採購了一批外觀看來是深綠色、豆質厚實的咖啡豆，這些咖啡豆大概是屬於C型或D型，加熱後，表面也不易產生黑色皺摺，處理不好還會留下芯（烘焙不均）、造成澀味——我們必須像這樣先行預測。為了避免這些問題而採行的對策是調降火力，在第一次爆裂之前稍微拉長脫水（去除水份）的時間。

記住咖啡豆類型還能夠找到其他咖啡豆代替。比方說綜合咖啡使用的巴拿馬SHB突然缺貨時，可立刻找來同屬A型的多明尼加・芭拉侯那（BARAHONA）代替。只要烘焙度也完全一致，就能夠釋放出同樣的味道與香氣。

以上是幾種類型的概要，只適用於一般流通的商業咖啡豆，不能夠直接套用在精品咖啡上。大方向的架構或許通用，不過正如我前面也提過，精品咖啡幾乎都是高地產的硬質豆，較少符合系統咖啡學中A

型、B型的柔軟豆子。

我們可想成是精品咖啡的A型不等於商業咖啡的B型，而是稍微偏A的B型。精品咖啡的B型則相當於商業咖啡的C型。整體來說大約是往D型偏移半型。

◆變動因素也納入考量

以商業咖啡來說，C、D型比A、B型的烘焙難度更高。精品咖啡大致上也是一樣，不過有些情況下，A、B型的烘焙「最佳時間帶」（可參考84頁）較窄，因此反而困難。這部份後頭會詳細說明，事實上頗為瑣碎。精品咖啡多半是習性強烈又神經質的脫序者（難以歸類）。

前面已經提過，巴哈咖啡館會將所有咖啡豆進行「基本烘焙」，藉此辨別各咖啡豆的特性。第一步是分別烘焙成4階段，其次是8階段，再來是16階段（有時是24階段），最後是32階段。如果無法分別烘焙出這些階段，就無法充分運用精品咖啡與生俱來的味道。

精品咖啡需要「16～32階段」的分級烘焙，而烘焙人員如果沒能夠學會這種巧妙技巧，只會浪費珍貴的材料。經常發生僅僅過度烘焙幾秒，咖啡豆就會蒙上煙霧，連商業咖啡的SHB味道也變差。精品咖啡的烘焙關鍵時間若是沒有掌握好，往往會變成普通的咖啡豆。

舉例來說，在烘焙屬於D型的瓜地馬拉薇薇特南果產區精品咖啡時，既然是D型，我們可預測最適當的烘焙度自然是「中深度烘焙～深度烘焙」。然而事實上還必須考量其他要素。也就是產地標高、氣候、降雨量、咖啡豆品種、精製法等。這些內容只要看看咖啡豆規格說明書（可參考17頁）就能夠知道。

商業咖啡因為缺乏產地資訊，因此幾乎無從得知栽種環境的相關資料。直到今日我依舊強調「不同烘焙度對咖啡味道的影響遠大於產地品牌」，事實上正是如此。

但是精品咖啡則稍微不同，我們無法忽視品種、產地標高、精製法等影響烘焙的變動要素。薇薇特南果產區位在瓜地馬拉最高等級兩千公尺的高地上。咖啡園屬於火山灰土壤，含有眾多有機物質，也因此這裡出產的咖啡具有豐富的酸味、風味及口感。再加上遮陰樹密度高，因此豆質扎實。

於是，一般人認為這種咖啡豆烘焙再久也沒問題，而毫不猶豫倒入鍋中，結果產生大量煙霧與揮發成份。若使用的是排氣不良的小型烘焙機，咖啡豆會蒙上煙霧。而相反地，如果採用淺度烘焙則會留下芯且出現澀味及過度強烈的酸味。無論淺度烘焙或深度烘焙都無法好好發揮它的美味。

精製法應該沒有影響，因為瓜地馬拉多半採取使用發酵槽的水洗式精製法。但是有可能多了「浸泡」的步驟，將帶殼豆在清水中浸泡一晚。如果多了這項步驟，多少能夠緩和酸味。

◆在腦中進行加減運算

接下來是品種的影響。一般的主流是波旁，還有卡杜拉、卡杜艾等，但是薇薇特南果產區另有帕卡馬拉，以經常入選卓越杯 COE 的茵赫特莊園等為代表，這些前面已經提過。帕卡馬拉如果烘焙過久，苦味會突然變得強烈。

做法就是像這樣一邊看著規格說明書，一邊進行各種調整，在腦子裡加減運算。經過半水洗式精製法（Pulp de Natural）後，咖啡豆會變得較軟，因此烘焙不能過久（減少烘焙程度），經過「浸泡」的咖啡豆也要減少烘焙。使用非洲棚的也要減少。

精品咖啡四大類型

我說明這類咖啡豆的烘焙法時，建議將中深度烘焙進一步分成三階段。感覺就像是鋼琴白鍵挾著黑鍵一樣，假設是「Do→Do#（Reb）→Re」，相當於黑鍵部份的Do#（Reb）就是位在正中央的最佳時間帶，白鍵部份則是許可範圍。

這樣一來的確瑣碎，我總會在腦海中想像沒有琴格的弦樂器。若是以小提琴為例的話，A弦（440Hz）與旁邊的E弦（660Hz）之間相差完整的5度音，頻率則相差220Hz。而手指擺在哪個位置能夠得到想要的聲音，這就是精品咖啡的停止烘焙時間點。各位聽來或許像是恐怖故事，不過感覺上頻率會是最接近的比喻法。

成熟的咖啡豆如果尺寸大小愈一致，愈能夠抓住最佳烘焙時間點，而且烘焙出來的咖啡滋味清爽，沒有雜味。但反過來說，工作人員會產生絕對不能錯過時機的壓力。只要顆粒大小一致、品質一致就能夠掌握最佳時間帶，並且如一流投手控球一樣精準。

各位心裡或許認為昂貴的咖啡豆不准失敗，必須避免實驗烘焙免得浪費。實際拿500g巴拿馬藝妓咖啡豆進行實驗烘焙的話，不僅需要勇氣，也需要經費。多數人選擇直接採用杯測時的烘焙度提供給顧客，或許也是基於可悲的經濟考量。

◆是否出現皺摺

接下來談談巴拿馬唐帕奇莊園的藝妓咖啡。深綠色、豆質厚實又大顆，看看規格說明書可知大概隸屬C型，因此烘焙度預設為「中度烘焙～中深度烘焙」。但是這個預設卻完全錯誤。在其他地方我也曾經提過，藝妓咖啡最大特徵是柑橘類的獨特風味。這個香氣就像煙火一樣稍縱即逝。

最大賣點的風味如果消失的話可就賠了夫人又折兵了。該怎麼做才能夠突顯這種香氣呢？此時的判斷標準是前作《咖啡大全》中用來分類時採用的「黑色皺摺狀態」。

我曾說過，原則上「是否充滿皺摺」很重要。

如果配合同屬C型的哥倫比亞或坦尚尼亞的最佳烘焙時間點，則藝妓咖啡會喪失自己的特色，雖不至於變成低等級的咖啡，但也只剩下普通水準。

經過多方嘗試後會發現採用中度烘焙「不太對勁」。當然在這個烘焙程度的話，皺摺尚未出現，不過藝妓咖啡發揮本領的舞台似乎在「淺度烘焙～中度烘焙」這個範圍。最佳烘焙度與次佳烘焙度居然在咖啡豆還沒出現黑色皺摺之時，實在讓人感到不可思議。如果哥倫比亞或坦尚尼亞配合藝妓咖啡的最佳烘焙度，咖啡豆上一定早已佈滿皺摺，變成澀味強烈的咖啡了。巴拿馬藝妓咖啡雖然屬於C型，豆質卻有著

各類型的烘焙度與味道傾向

類型	特徵	烘焙度	適合／不適合	味道傾向
A型	外觀不一定呈現白色。表面較平整、光滑，透熱性佳且容易膨脹。小心稍微烘焙一下就會變成深色。另外，出現香味的最佳時間帶範圍狹窄，因此必須細心留意。	淺度烘焙	◎	淺度烘焙容易釋放出獨具特色的香氣。不會有商業咖啡常見的青草味。
		中度烘焙	◎	能夠釋放出豐富的酸味與香氣。以中度烘焙的味道最均衡。
		中深度烘焙	△	味道略顯平淡。天生的香氣也變得不明顯。
		深度烘焙	×	味道更加平板單調，感覺不到濃度與黏度。味道逐漸消失。
B型	有帕卡馬拉種，也有採用新式半水洗式精製法（NP）的咖啡豆，囊括多種類型，不易掌握特色。外觀看來像是C型或D型豆，但豆質偏軟不硬。	淺度烘焙	○	味道較A型略濃郁。香氣豐富。烘焙難度較高，不過淺度烘焙也能夠引出豆子天生的味道。
		中度烘焙	◎	味道與香氣均豐富，外觀也很出色。能夠釋放出美好的酸味，充分表現出精品咖啡的過人之處。
		中深度烘焙	◎	酸味與苦味均衡，相當絕妙。愈偏向深度烘焙，味道愈沒有顯著特色。介於中度烘焙～中深度烘焙之間是最理想的烘焙度。
		深度烘焙	△	雖然能夠品嚐到清爽的味道，但是整體失去深度，傾向單調。有溫和的苦味。
C型	精品咖啡受限於能夠採集的地區與標高等因素，因此多半屬於C型。雖然多數咖啡豆均能夠烘焙至味道和香氣最豐富的「第二次爆裂的階段」，但也有藝妓咖啡這樣的例外存在，因此烘焙時必須格外細心。	淺度烘焙	×	沒有澀味與苦味，但是豆子表面容易留下黑色皺摺。整體缺乏酸味和風味。
		中度烘焙	◎	味道濃郁，有強烈酸味，香氣也相當豐富。
		中深度烘焙	◎	能夠釋放出均衡的好味道、風味、苦味及香氣。但是要注意最佳烘焙時間範圍較小。
		深度烘焙	○	甜甜焦糖般的苦味與略強的醇厚口感若是能夠取得平衡的話，就是一杯出色的咖啡。
D型	產自高地的中～大顆粒、果肉厚實類型。總體密度大又堅硬。成熟度較高，因此表面較平整。可惜透熱性不佳。具有獨特酸味，能夠釋放出濃厚的味道。	淺度烘焙	×	酸味突出，變成很酸的咖啡。而且帶著澀味。
		中度烘焙	○	味道控制不易，但是順利的話，能夠突顯咖啡特性。不過能否獲得好評則另當別論。
		中深度烘焙	◎	能夠釋放出豐富的味道與香氣。還擁有特殊的酸味。摻雜其中的焦糖香氣也相當優雅。
		深度烘焙	◎	此烘焙度能夠輕鬆調整味道，留下有特色的味道與香氣，且能夠有效抑制苦味。

◎…十分適合　○…適合　△…普通　×…不適合

不該有的柔軟度。

另外一個將目標重新設定在「淺度烘焙～中度烘焙」的主因之一就是使用黏膜去除機。藝妓雖然採用水洗式精製法，去除果肉之後卻沒有浸泡發酵槽，而是利用黏膜去除機除去黏膜，直接進行乾燥。這種做法能夠緩和酸味。因此這也是「減少酸味」的條件之一。一邊預測一邊進行實驗烘焙，並反覆杯測，就能夠找出最佳烘焙度。

正統派的尋找方式就是先將中度烘焙分成「1、2」。相同地，淺度烘焙也分成「1、2」。最後將best標示◎，better標示○，good標示△，就能夠得到「中度烘焙2」是◎，「中度烘焙1」是○，「淺度烘焙1」是○，「淺度烘焙2」是△（可參考79頁）。

C型咖啡豆之中，巴拿馬唐帕奇莊園藝妓咖啡與巴拿馬翡翠莊園藝妓咖啡的最佳烘焙度都被認為是中度烘焙。其他則幾乎都是中深度烘焙和深度烘焙。藝妓咖啡屬於例外之中的例外。

我進而將評為◎的「中度烘焙1」分為「1、2」，◎是屬於「1、2」的其中一個。今後的世界沒有藉口，都要仰賴過去培養的知識、經驗、熟練程度，也就是所謂難以具體形容的「品味」。這麼說有點誇張，但也就是完全講求技術與品味。

過去為了避免出現澀味，因此重視咖啡豆表面是否充滿皺摺。但是精品咖啡之中，有些豆子如果有過多皺摺，口味和香氣反而會變得單調。沒有烘焙過所有咖啡豆不會瞭解哪些豆子有皺摺，而哪些沒有。在此我想問問各位：「你烘焙過所有咖啡豆了嗎？」

◆杯測非萬能

許多人總是只依賴生豆的履歷資料與杯測結果，這種做法頗危險。比方說被稱為「圓豆」（Pea Berry）的小顆豆透熱性佳，容易烘焙，因此杯測評價高。但是就經營角度來看的話，小顆豆不適合用於綜合咖啡，只能夠當作單品咖啡販賣。但它事實上是缺乏國家與地區特性的豆子，因此很難賣。

我認為咖啡豆尺寸如果有AA（坦尚尼亞等地的咖啡豆大小標示依序是AA→A→B→C）的話，就具有一定的價值，接下來再來思考要如何烘焙、商品化。根據標高分等級的SHB也一樣。我相信如果單方面尊重過去的分級方

藍山圓豆的生豆與最佳烘焙狀態的咖啡豆。

式，長遠看來一定能夠有利於銷售。

只是一窩蜂趕潮流沒有意義，畢竟到了手邊才發現處理起來很棘手的情況經常發生。倒不如購買我們熟悉的 SHB 或 AA 豆，也就是能夠用眼睛判斷好壞的豆子比較妥當。即使原以為是C型但事實上是B型的豆子，也能夠藉由烘焙調整成為好商品。

依賴杯測沒有什麼不好，但是如果平常沒有實際看過、觸摸豆子，累積可根據外觀判斷的正統經驗，很容易步入陷阱。

我說：「還是大顆豆子好。」

但最近經常聽到：「不，大顆豆子不一定好。」

我不能接受這種看法。根據我的經驗，大顆豆子絕對比較好。

再者，C型和D型之中，即使C型的杯測評價較高，有些場合我仍會選擇外觀較佳的D型豆子。從「能否擺放一年的品質與數量」來看的話，有時甚至是買D型才是正確決定。

面對也是生產者的批發商，我一定會要求：「讓我看看烘焙之前的豆子。」因為我講究生豆的外觀。如果時間只夠進行杯測的話，比起看賣方準備的杯測評價，我也多半以外觀判斷為優先。多年來的經驗告訴我，看過生豆再行判斷才能夠做出正確選擇。

順便一提的是，判斷咖啡豆好壞時，只靠過度依賴杯測的積極評價是不夠的。即使是精品咖啡，心中也應該同時採用過去稱為「巴西式評鑑」的負面評價法。SCAA 的評鑑法也不是無端冒出來，而是以巴西式評鑑法為基礎而建立。

四種類型的烘焙法

大方向仍然相同，精品咖啡之中也有些無法分在任何類型的咖啡豆。藝妓種就是一個代表，明明屬於C型，最適合的烘焙程度卻是中度烘焙而非中深度烘焙。精品咖啡全都是一些無法以同樣道理套用的獨特品種咖啡豆。這種情形對於烘焙者而言雖是一大難題，但看來也只好找出方法一一對付各種咖啡豆了。

◆A型

盧安達．米比里濟產區．波旁

盧安達是位在非洲中部的內陸國。米比里濟（Mibirizi）是該國最早種植咖啡樹苗的地方。栽種地位在稱為「千之丘」的高地（一千五百～兩千兩百公尺），地面覆蓋肥沃的酸性火山土壤。此產區生產大量優質豆，因此我從八〇年代就開始使用這裡的咖啡豆。非洲最早舉辦卓越杯COE的國家也是盧安達，此國對於精品咖啡也相當熱衷。這種豆子屬於波旁種，顆粒尺寸屬小到中，相當一致。生豆看起來很漂亮，具有外觀優勢，豆仁比起坦尚尼亞等地的咖啡豆還薄，類似衣索比亞的耶加雪菲或西達摩。採用水洗式精製法，帶殼豆仁會在清水中浸泡一晚，讓整體的酸味不會過度強烈。具有高級紅茶般的香氣，風味類似衣索比亞水洗式咖啡。最佳烘焙度是接近中深度烘焙的「中度烘焙2」。

印度．乾燥式精製法．特選9

印度被稱為是「最後的寶山」。阿拉比卡種與羅布斯塔種能夠在此和平共存，這裡也是亞洲最大的阿

各類型的咖啡豆烘焙標準
（亦可參考79頁的表格）

拉比卡種咖啡生產國。羅布斯塔種的品質可與爪哇的WIB-1（羅布斯塔種最高級品）匹敵，因此甚至還舉行了類似羅布斯塔種咖啡版本的卓越杯COE審查會「印度風味」（Flavor of India）。或許是小批次的關係，雖然採用乾燥式精製法卻沒有太多瑕疵豆（雖然有死豆）。只要清除瑕疵豆，採用中深度烘焙，就能夠煮出清爽的滋味。

豆子表面有乾燥式精製法的特色，有點類似衣索比亞．哈拉。酸味也類似哈拉，因此在歐洲圈多半用於製作濃縮咖啡的綜合咖啡豆。濃縮咖啡的單品原創或許正好適合這種印度咖啡豆。苦味類似紫色包心菜或麥芽。最佳烘焙度是「中深度烘焙2」，次佳烘焙度是「中度烘焙1」。

A型

盧安達．米比里濟產區．波旁

印度．乾燥式精製法．特選9

巴拿馬．唐帕奇莊園．卡杜拉．蜜處理法

巴拿馬．唐帕奇莊園．卡杜拉．蜜處理法

唐帕奇莊園將大量採收的卡杜拉施以蜜處理法，也就是半水洗式精製法精製。蜜處理法是留著黏膜直接日曬，追求口感豐富、唇齒留香的後味。此種精製法可留下蜂蜜般甜酸的風味與甜味，製造出最佳狀態的乾燥式精製法咖啡。哥斯大黎加成功使用這種方式緩和強烈酸味。唐帕奇莊園分別根據品種將帝比卡、波旁、藝妓三種咖啡種植在不同田地上。經過蜂蜜處理的卡杜拉用意是提升以往評價低的品種印象。其最佳烘焙度是精品咖啡中少見的「淺度烘焙2」。咖啡豆表面乍看之下顏色不均，但不會喝到討厭的澀味。酸味雖然明顯卻無法持久。深度烘焙後，會失去原本擁有的櫻桃酸味。

巴拿馬．瑪瑪卡塔莊園．藝妓．蜜處理法

翡翠莊園、唐帕奇莊園、瑪瑪卡塔莊園（Mama Cata Estate）被稱為「巴拿馬三大藝妓咖啡莊園」，亦是波魁特（Boquete）產區規模最大的咖啡園，園主也是廣為人知的

新創事業者。這種經過蜜處理法的藝妓咖啡，豆子大小雖不及馬拉戈吉佩或帕卡馬拉，不過比帝比卡大一圈，感覺上類似略胖的衣索比亞長豆（Longberry）。藝妓咖啡的精製法分為蜜處理法、水洗式精製法、乾燥式精製法三種，試喝比較之下，經過蜜處理法的藝妓豆有較強烈的柑橘類風味，如果在店裡點了藝妓咖啡，端到客人桌上之前就能夠聞到那股香氣；類似優格的酸味或許也是一大特徵。水洗式精製法的藝妓咖啡少了優格味，多了類似檸檬茶的酸味；香氣則不及蜜處理法的強烈。另一方面，採用乾燥式精製法的藝妓咖啡味道與香氣類似衣索比亞哈拉咖啡；口感略清爽；最佳烘焙度是「中度烘焙1」，次佳烘焙度是「淺度烘焙2」。

A型

巴拿馬・瑪瑪卡塔莊園（Mama Cata Estate）・藝妓・蜜處理法

巴西・乾燥式精製法・黃金卡莫（Carmo De Ouro）

巴拿馬・瑪瑪卡塔莊園・藝妓・乾燥式精製法

巴拿馬・唐帕奇莊園・帝比卡

巴西・乾燥式精製法・黃金卡莫

咖啡果實是黃色而非紅色的黃波旁（Bourbon Amarelo。Amarelo 是葡萄牙文的黃色）經過乾燥式精製法而成。產自於米納斯州南部（Sul de Minas）的咖啡產地米納斯卡莫鎮（Carmo de Minas）。配合來自日本貿易公司的訂單，因此採用小批次出貨，咖啡豆顆粒大小均一且無瑕疵豆，因此外觀看來像是使用水洗式精製法而非乾燥式精製法。此咖啡豆證明了即使採用乾燥式精製法，只要控制份量、花費時間與成本，也能夠製造出與水洗式一樣漂亮的生豆。與印度的乾燥式精製法咖啡豆相比，死豆較少。產地高度相對較低，卻有著類似高地產咖啡豆的味道，令人感到不可思議。烘焙時間過久的話，容易造成好的酸味消失。我曾在三十年前使用過巴西的乾燥式精製法咖啡，但是味道一點也不像這種乾燥式精製法咖啡，與水洗式精製法的巴西咖啡也不同。對於巴西的咖啡一向毫不留情的我，一見到這種巴西咖啡的樣本就喜歡上，並且立刻下訂。最佳烘焙度是「中度烘焙2」，可品嚐到果香味及花香。

巴拿馬・瑪瑪卡塔莊園・藝妓・乾燥式精製法

乾燥式精製法的藝妓咖啡超級稀有，據說是美國知名的咖啡師特別委託而生產。過去很難想像巴拿馬採用乾燥式精製法，但現在聽說他們是根據氣象衛星的長期預報找尋可用來曬乾咖啡的時機。瑪瑪卡塔莊園主要生產的品種是帝比卡、卡杜拉，也就是所謂的巴拿馬SHB。但是他們也致力於生產藝妓咖啡，除了乾燥式精製法之外，還採用水洗式精製法、半水洗式精製法生產出三種藝妓咖啡。這間咖啡園的宗旨是「全力配合客戶的各種要求」。該園的咖啡田根據品種劃分。生豆外觀精良，香味類似葉門・摩卡。習慣巴拿馬水洗式的美國評審可能會給予負評，不過喜歡乾燥式精製法咖啡的日本人或許會給予正面評價。

巴拿馬・唐帕奇莊園・帝比卡

如果學不會適當烘焙唐帕奇莊園的帝比卡，就無法烘焙其他咖啡豆——我一向如此認為，這款咖啡豆等於是巴哈咖啡館烘焙精品咖啡時的「標準」。它的味道均衡，烘焙度階段性改變時會產生何種變化一目了然。只要把這種咖啡豆當作標準，隨時都能夠修正烘焙停止點的誤差。此豆的生豆外表不似清洗過的古巴豆一樣漂亮，因為咖啡園主認為：「豆子清洗太乾淨的話，會把重要的成份洗掉。」因此生豆表面仍留著褐色的銀皮。將它歸類為A型而非B型是因為透熱性略差。烘焙如果停止在比中度烘焙略淺的時間點上，味道與香氣會突然消失。擁有類似淡味可亞般明顯的堅果類風味。

◆B型

印尼・曼特寧・BB

帶有搶眼的深綠色，是在內果皮柔軟、半乾的狀態下脫殼直接烘乾。這就是所謂蘇門答臘濕剝式精製法，只要看一眼生豆的顏色即可知道。BB是BLUE BATAK（藍色巴塔克）的簡稱，由蘇門答臘北部林冬區（Lintong Nihuta）的原住民巴塔克族生產而得名。品種則是由亞洲圈特有的阿騰（Ateng）、任抹（Jember）、高丹帝比卡（Garundang Typica）等陌生的品種交配而成。此豆深受星巴克咖啡集團愛用，而且瑕疵豆少，令人一改對曼特寧的印象。一般人對曼特寧的印象會覺得豆子顆粒較大，但是此豆的尺寸是

B型

印尼・曼特寧・BB

瓜地馬拉・薇薇特南果產區・帕卡馬拉

尼加拉瓜 SHG・帕地雅（Padilla）

小～中，幾乎讓人懷疑：「這真的是曼特寧嗎？」其烘焙後的膨脹比例高，能夠膨脹到很大。最佳烘焙度是「中深度烘焙２」。中度烘焙會產生酸味，卻也有著類似高揮發性醋的風味。

瓜地馬拉・薇薇特南果產區・帕卡馬拉

瓜地馬拉咖啡豆是硬質豆的代表，一般認為此豆不易烘焙也不易產生香味，不過其中的帕卡馬拉相當容易烘焙，而且顆粒雖大，透熱性卻相當出色。帕卡馬拉是希望莊園的產物，杯測樣本的成績優於知名咖啡園茵赫特莊園的產物。一般瓜地馬拉咖啡的特徵就是中度烘焙後會產生巧克力般的風味，而帕卡馬拉也擁有無糖可可亞般的風味，另外還能夠感受到類似堅果油脂的鮮味。原產地薩爾瓦多的帕卡馬拉喝起來清爽，而瓜地馬拉的帕卡馬拉咖啡口感則較醇厚。產地不同，味道也會有些許差異。帕卡馬拉咖啡的特徵是大顆與小顆豆混雜一起，如果以手選方式挑去小顆豆，外觀上看來固然賣相佳，但卻會少了點風味。若就後味餘韻的持久度及咖啡口感來說，「中度烘焙２」最能夠發揮其絕佳風味。

尼加拉瓜 SHG・帕地雅

位在中美洲的尼加拉瓜因為內戰的關係，最晚開始從事咖啡栽培事業。少有大型咖啡園，多是中小規模咖啡園零星分佈。帕地雅莊園（Padilla）也是每年只生產一百袋咖啡的小規模咖啡園之一，他們主動表示希望直接販售咖啡豆給我所經營的巴哈咖啡館，不想透過共同精製廠以普通 SHG（Strictly High Grown）咖啡豆出口。此種咖啡豆煮出的咖啡喝起來像果汁，有股絕妙的酸味，因此我馬上與對方簽約。帕地雅也是巴哈咖啡館往來的咖啡園之中規模最小的其中之一。咖啡園標高一千三百～一千四百公尺。咖啡豆整體偏軟，尺寸中等。我從以前就將這種豆子設定為味覺標準。因為如果沒有設定味覺標準，就無法統一每種豆子的味道。這就像是提到商業咖啡就想到秘魯或古巴，提到精品咖啡則是巴拿馬唐帕奇莊園的帝比卡一樣。帕地雅莊園咖啡的美好酸味也能夠成為一種基礎標準。而能夠突顯這種酸味優點的最佳烘焙度則是「中度烘焙2」。

B型

多明尼加・弘卡利托

巴西・半水洗式精製法・黃金卡莫

多明尼加・弘卡利托

位在標高一千一百五十～一千三百公尺的哈拉瓦科阿（Jarabacoa）產區的特哈達（Miguel Tejada）莊園所生產。此園擁有一百年的歷史，在各種杯測比賽上總是名列前茅，主要種植帝比卡與卡杜拉，而弘卡利托則是兩者的混種。和帝比卡種一樣，高產量的卡杜拉種咖啡豆特徵是有濃度與刺激的果酸味。來自此兩者混種的弘卡利托外觀看來參差不齊，但也許就是這種參差不齊的巧妙搭配，其味道與風味上皆充滿著擁有優質單寧的高級葡萄酒風格。而咖啡液放冷後，又有著猶如加入牛奶的紅茶般的絲滑感。類型屬於B，咖啡豆密度高，卻不適合深度烘焙。我推薦的最佳烘焙度是「淺度烘焙2」。

巴西・半水洗式精製法・黃金卡莫

此豆配合日本貿易公司的特殊要求而採用蜜處理法。米納斯卡莫鎮是米納斯吉拉斯州知名的咖啡產地。基本上若產出自巴西的話，我只使用水洗豆，不過這次也嘗試使用半水洗式精製法的咖啡豆。半水洗式精製法的缺點比乾燥式精製法少，乾燥速度較快，較具有經濟效益。更重要的是此精製法能夠製造出適合稱為蜂蜜味的甜味。再加上能夠一舉延長後味餘韻的停留時間，相當具有魅力。另外此法的口感也比乾燥式精製法豐富，不過酸味沒有水洗式精製法顯著。簡單來說，半水洗式精製法能夠讓醇厚度與鮮味等口感較豐富，但無法強調酸味。我認為最佳烘焙度是

「中度烘焙1」，不過有些人或許會認為這樣一來味道太豐富，反而稍嫌複雜。這種時候可改用中深度烘焙，或許能夠煮出清爽的口感。咖啡豆尺寸是略微偏小的篩網16以上。

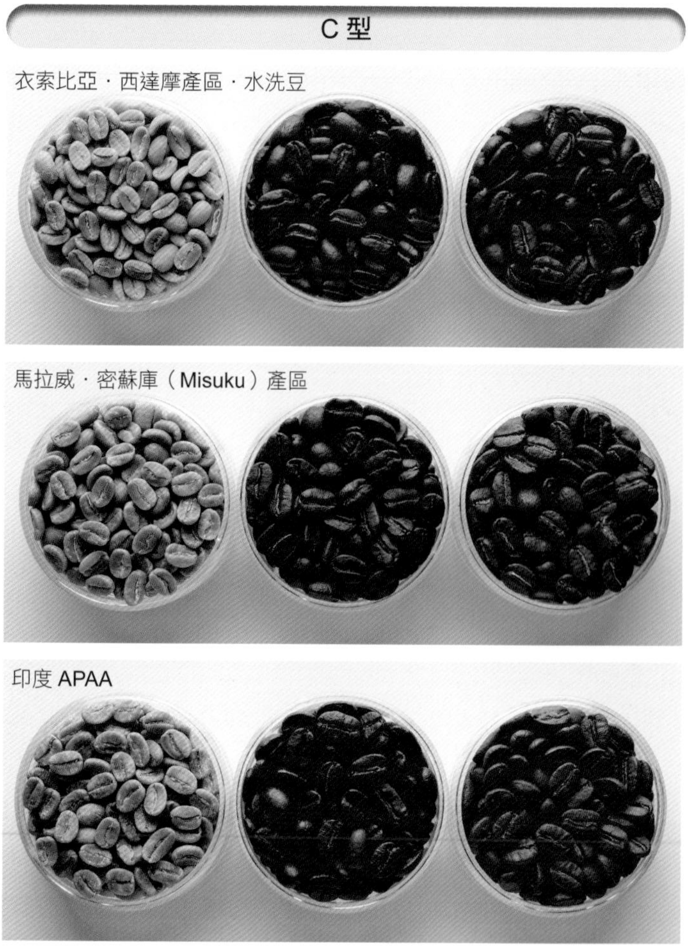

◆C型

衣索比亞·西達摩產區·水洗豆

西達摩產區的水洗豆質地堅硬，透熱性差。提到衣索比亞的高級咖啡豆，一般想到的往往是西達摩、哈拉、耶加雪菲三大產地，而衣索比亞政府似乎也打算將此三個地區的地名登記為商標名稱。因為向咖啡農收取的金額太少，政府將地名登記為商標之後，能夠提高市場支配力，同時拉抬價格。另外，此種咖啡豆已通過有機認證，沒有農藥殘留問題。一般有機咖啡豆有蟲蛀等諸多缺點，且多半是營養不良的瘦小豆子，價格雖高但品質很差，因此是我在國際咖啡市場上敬而遠之的產品。不過衣索比亞西達摩水洗豆味道扎實，採用深度烘焙也能夠產生豐富的風味。具有濃厚的柑橘類風味，類似紅茶茶葉的味道，充滿純粹的西達摩咖啡個性，也是相當出色的咖啡豆。最佳烘焙度是「深度烘焙1」。

馬拉威·密蘇庫

馬拉威是位於莫三比克、坦尚尼亞、尚比亞之間的非洲內陸國。咖啡栽種地位在北部的山岳地帶，標高一千六百～兩千三百公尺。曾經有一度栽種源自衣索比亞的藝妓種而造成轟動。密蘇庫（Misuku）產區的咖啡豆AA、AAA是以尺寸區分，在過去是無人出其右的卓越咖啡豆。最佳烘焙度與衣索比亞西達摩一樣是「深度烘焙1」。利用此烘焙度烘焙後，會產生日本人最愛的醇厚苦味，卻不會太過刺激，濃度如普洱茶般順口是一大特徵。東非南側的馬拉威、辛巴威、尚比亞等國家位在咖啡帶南邊外圍，因此咖啡豆品質雖然不錯，但是與北部的肯亞、坦尚尼亞、衣索比亞等國相比，稍嫌缺乏個性。簡單來說，愈靠近咖啡帶的南北兩端，咖啡的個性也就愈平均。

印度APAA

印度總算能夠生產出ＡＡ（篩網18以上的尺寸）的咖啡豆了。過去生產的Ａ或ＡＡ品質拙劣，而現在的ＡＡ卻大幅減少了瑕疵豆的比例。雖然同屬大顆豆，卻與肯亞、哥倫比亞、曼特寧等的味道大不相同。酸味較弱。雖然不知道原因是什麼，不過印度的咖啡即使採用淺度烘焙，也不會釋放出與肯亞或哥倫比亞一樣的果酸味。比起酸味，其他味道更是明顯。該怎麼說才好呢？實在想不出精確的形容詞，總之味道有點類似黑啤酒。至於這種味道究竟是好是壞，意見相當分歧。我認為很有趣，也認為這就是印度咖啡的特色。此豆產自印度布魯克林莊園（Brooklyn），最佳烘焙度是「深度烘焙２」。

C型

巴拿馬・翡翠莊園・藝妓

巴拿馬・柏林那莊園（La Berlina Estate）・帝比卡

巴拿馬・唐帕奇莊園・藝妓

巴拿馬・翡翠莊園・藝妓

精品咖啡的最大功臣就是翡翠莊園的藝妓咖啡。進入二十一世紀後突然出現，曾經征服無數審查會，可謂是希世罕見的新英雄，亦可在其生產者身上看到SCAA的影響。咖啡園設置各種不同類型的批次包裝，有的根據收穫時間，有的根據栽培區域，藉此收集瑣碎的資料。我推薦的最佳烘焙度是「中度烘焙１」，不過也許還有其他最佳烘焙度。烘焙時，乍看之下雖然覺得顏色似乎太淺，但是如果想要加深顏色，其獨具特色的香氣就會消失。唐帕奇莊園的瑟拉欽（Francisco Serracín）先生提示烘焙藝妓咖啡時的訣竅是「必須在第一次爆裂開始的90

秒之後拿起」，不過這時爆裂尚未結束。也就是說絕對不可以等到進入第二次爆裂。翡翠莊園的藝妓種生豆帶有濃濃的藍綠色。每次看到，我總會心想，真是棘手的豆子啊。

巴拿馬・柏林那莊園・帝比卡

巴拿馬主要的咖啡產地位在北邊與哥斯大黎加交界處，其中最有名的波魁特產區就位在巴魯火山（Volcán Barú）南側。巴拿馬的帝比卡經過淺度烘焙之後，無論來自哪一家咖啡園，香味都一樣，難以區分，皆擁有同樣的基本酸味，或許這就是波魁特產區共同的味道。生豆呈現深綠色。我雖將它歸類為C型豆，但此種咖啡豆意外偏軟，讓人以為利用淺度烘焙就會出現酸味，事實上不然。這家咖啡園的帝比卡味道像夏威夷・可那，有絕佳的油脂與滑順感，讓人想起腰果或動物肝醬的風味。老實說我一開始並沒有打算採購此種風味的豆子，後來卻逐漸喜歡上它。最佳烘焙度是「中度烘焙」。

巴拿馬・唐帕奇莊園・藝妓

唐帕奇莊園的擁有者法蘭柯・瑟拉欽（Francisco Serracín）先生是首位將藝妓種咖啡帶進巴拿馬的咖啡園主人，也被稱為是「巴拿馬藝妓咖啡之父」。咖啡園位在波魁特產區標高一千四百五十～一千五百公尺的地方，面積不大，只有三十公頃，其中有半公頃栽種藝妓咖啡。翡翠莊園的藝妓與唐帕奇莊園的藝妓相比，從豆子外型就不一樣。前者細長、頂端尖銳，後者則有些圓胖。在味道上，前者會散發出類似衣索比亞西達摩的風味，而後者的香味則較接近衣索比亞耶加雪菲。唐帕奇莊園的藝妓咖啡來自於哥斯大黎加的咖啡研究所，來源相當清楚，而翡翠莊園的藝妓則是來路不明，不知出處及運送方式。有些人甚至推論或許是來自衣索比亞。最佳烘焙度是「中度烘焙1」。

哥倫比亞・特級・拿里諾

哥倫比亞南部高地拿里諾（Colombia Supremo Narino）、考卡（Cauca）、烏伊拉產區生產的咖啡擁有優質的酸味與絕佳的香氣。巴哈咖啡館已獨家使用此咖啡長達六年。中深度烘焙後，酸味與苦味會呈現恰好的平衡，因此主要使用在製作綜合咖啡。品種是卡杜拉與古堡（Castello，二〇〇五年問世的哥倫比亞種新世代型）的混種。咖啡豆本身很好，但是相當不易烘焙。進入第二次爆裂後，雖然保留住酸味，卻比預期中更早出現苦味。要掌握其中的平衡相當困難，如果不夠熟練，會做出只剩單調苦味的咖啡。此豆外觀顆粒大、質地厚實、呈現深綠色，特級豆的架式十足。九〇年代後半起星巴克大量採購，一般人要買到出色的特級豆也變得更加困難。最佳烘焙度是「中深度烘焙1」。

哥倫比亞・烏伊拉產區・偶像

烏伊拉（Huila）地區標高一千七百公尺以上的山岳地帶，也就是聯合國教科文組織指定為世界遺產的聖阿古斯丁考古公園（San Agustín Archaeological Park）所在地。但這裡同時也是反政府游擊隊活動的區域，因此不能隨便進入。這兒有許多小規模咖啡生產者團體，他們會配合客戶需求，以農會或農園為單位批次販售。而在哥倫比亞國家咖啡局（The National Federation of Colombian Coffee Growers，簡稱 FNC）指導下的高卓莊園（Los Cauchos）也是其中之一，此咖啡的顆粒比拿里諾特級小，不過中度烘焙之後，會產生比拿里諾強烈的酸味。簡單來說，哥倫比亞水洗豆對於烘焙者來說可稱為「難關」，如果無法順利掌握顏色變化與味道平衡，就做不出想要的味道。如果要配合顏色，顏色稍淺的話，味道較能夠整合。類似酸甜鳳梨的酸味是其特徵，一般認為它的甜味勝過酸味。味道或許會稍嫌平板，不過最佳烘焙度是「中深度烘焙1」。

C 型

哥倫比亞・特級・拿里諾

哥倫比亞・烏伊拉產區・偶像（Los Idolos）

衣索比亞・耶加雪菲產區・水洗豆

衣索比亞・耶加雪菲產區・水洗豆

日本也能買到衣索比亞耶加雪菲產區的乾燥式精製法咖啡豆，而這裡介紹的是水洗豆。比較西達摩與耶加雪菲產區的話，前者較具口感，後者則略微清爽。也因為口感較不明顯，一旦採用深度烘焙，味道恐怕就會走樣。而西達摩則是烘焙不慎的話容易留下芯，造成後味有澀味。另外也因為容易出現雜味，導致評價不高。耶加雪菲顆粒雖小，不過大小一致，比西達摩容易烘焙。本身具有柑橘類的特殊香氣之外，其廣泛受到矚目與讚賞的原因是因為無論誰來烘焙，都能夠相對輕易地展現特色。咖啡豆滾動時看起來像圓豆，因此一般人以為其透熱性佳，事實

上品質愈好的咖啡豆中心愈硬，即使採用深度烘焙仍有些不好對付。即使表面看來光滑漂亮，仍有可能出現澀味或刺激喉嚨的味道。簡單來說，這種豆子在杯測審查上很難獲得較高評價。不過我反而給它很高的評價。最佳烘焙度是「深度烘焙1」。

◆D型

肯亞AA

來自肯亞山旁的尼耶利（Nyeri）產區坦巴雅（Tambaya）精製廠。比過去的肯亞豆光滑，較缺乏粗糙渾厚的感覺。表面也少皺摺，外觀看來很清爽乾淨。只是整體偏綠色，果肉厚實，密度高。其中甚至每公升有七百二十公克的豆子。總體密度（Bulk density）高有可能是因為水份多，再加上肉質緊實，透熱性自然較差。最佳烘焙度「深度烘焙1」，不過使用次佳烘焙度「中度烘焙2」的話，會產生蘋果或杏桃之類的香氣。採用深度烘焙的話，這些香氣會變弱，但是在第一次爆裂前後會產生類似杏桃果醬的香味。豆子是以十公斤裝的真空鋁箔包運送。過去一般原本強調包裝必須透氣，而現在則多半採用真空密封。

瓜地馬拉．薇薇特南果產區．星野

薇薇特南果產區位在標高很高的區域（兩千公尺），採收期大約比其他地區晚一個月左右。衣索比亞的耶加雪菲與瓜地馬拉的薇薇特南果都是因為精品咖啡而開始受到矚目，而且兩者均具有相當受人喜愛的強烈個性。品種幾乎都是隨意繁殖的交配種。顆粒大小屬中型，烘焙難度相當高，口感豐富，風味馥郁，酸味也可分成許多種類，滋味複雜精妙。擁有類似巧克力的風味也是它的特徵，這點與瓜地馬拉產的

四大類型的烘焙度

類型	生產國・商品名稱・精製法・產地・品種	咖啡園名稱・標高・規模・等級	淺1	淺2	中1	中2	中深1	中深2	深1	深2	水份%	密度 g/L
A型	盧安達・米比里濟・波旁	查特精製廠（Cyato washing station）G-A・1600-1800		○		◎					11.4	710
A型	印度・N・特選9	亞勒康莊園（Yelnoorkhan Estate）・APA・1500-2000			○			◎			11.7	707
A型	巴拿馬・唐帕奇・卡杜拉・蜜處理法	波魁特產區・唐帕奇莊園・1400-1550・黏液完全留下		◎			○				11.9	711
A型	巴拿馬・瑪瑪卡塔・藝妓・蜜處理法	波魁特產區・瑪瑪卡塔莊園・1500-2000・黏液完全留下		○	◎						11	710
A型	巴西・N・黃金卡莫	優勝莊園（Fazenda Tijuco Preto）・1100-1250・黃波旁・No.2/3		○		◎					12.7	687
A型	巴拿馬・瑪瑪卡塔・藝妓・N	波魁特產區・瑪瑪卡塔莊園・1500-2000		◎	○						11.8	704
A型	巴拿馬・唐帕奇・帝比卡	波魁特產區・唐帕奇莊園・1400-1550		○	◎						12.6	733
B型	印尼・曼特寧・BB	林冬區・阿騰（Ateng）、任抹（Jember）、高丹帝比卡（Garundang Typica）・1400						◎	○		11.5	723
B型	瓜地馬拉・薇薇特南果產區・帕卡馬拉	希望莊園・1500		○		◎					12.9	678
B型	尼加拉瓜 SHG・帕地雅	馬奎利裝產區（Macuelizo）・金翅雀莊園（Los Jilgueros）・1250-1300・卡杜拉、波旁				◎	○				12.3	730
B型	多明尼加・弘卡利托	哈拉瓦科阿產區・特哈達莊園・1150-1300・卡杜拉、帝比卡		◎	○						11.9	712
B型	巴西・PN・黃金卡莫	聖塔瑞塔莊園（Santa Rita）・1250・阿克卡亞種・No.2/3・黏液完全留下			◎			○			12.2	682
C型	衣索比亞・西達摩產區・W	西達摩農會・G2・有機						○	◎		11.6	720
C型	馬拉威・密蘇庫	密蘇庫產區查尼亞村（Chanya）農會・AA/AAA・1700-2000			○				◎		11.4	724
C型	印度 APAA	雪瓦洛伊產區（Shevaroys）・布魯克林莊園・1400-1550				○				◎	11.8	697
C型	巴拿馬・翡翠莊園・藝妓	波魁特產區・翡翠莊園・1600		○	◎						11.5	705
C型	巴拿馬・柏林那莊園・帝比卡	波魁特產區・柏林那莊園・1300-1650		○	◎						11.1	682
C型	巴拿馬・唐帕奇莊園・藝妓	波魁特產區・唐帕奇莊園・1400-1550		○	◎						12.6	724
C型	哥倫比亞・特級・拿里諾	塔米南果產區（Taminango）・1800-2000・卡杜拉、哥倫比亞			○		◎				11.5	700
C型	哥倫比亞・烏伊拉產區・偶像	聖奧古斯丁產區（Saint Augustin）・1600-1900・卡杜拉、帝比卡			○		◎				11.6	729
C型	衣索比亞・耶加雪菲產區・W	康加產區農會（Conga）・G2・有機						○	◎		10.9	695
D型	肯亞 AA	尼耶利產區坦巴雅精製廠・1800-1900・SL-28、SL-34				○			◎		11	713
D型	瓜地馬拉・薇薇特南果產區・星野（Compostela）	波爾沙莊園（La Bolsa）・1400-1500・波旁、卡杜拉				○		◎			11.6	710
D型	巴拿馬・艾利達莊園・儲備（Reserva）	波魁特產區・艾利達莊園・1700・卡杜艾				○	◎				11.8	723

N＝乾燥式精製法，PN＝半水洗式精製法，W＝水洗式精製法／◎＝最佳烘焙度，○＝次佳烘焙度

咖啡相同。若採用淺度烘焙會留下芯、味道變澀、酸味過強，必須小心。最佳烘焙度是「中深度烘焙2」。

巴拿馬・艾利達莊園・儲備

在藝妓咖啡問世之前，就屬經常出現在「Best of Panama」前幾名的艾利達莊園咖啡豆最出色。從經營初期就以小批次仔細管理咖啡豆，以生產精品咖啡等級的咖啡豆為目標。品種是高產量的卡杜艾，可品嚐到百香果般的風味。水洗式精製過的咖啡豆尺寸均一，外觀漂亮。位在以巴魯火山為中心的波魁特產區，標高為一千六百～一千八百公尺。最近也開始致力於栽種藝妓咖啡。果肉厚實且飽滿的咖啡豆總體密度看來很大，烘焙難度是此次介紹的24種咖啡之中最高，但也是最美味的咖啡。最佳烘焙度建議為「中深度烘焙1」。

精品咖啡的烘焙度

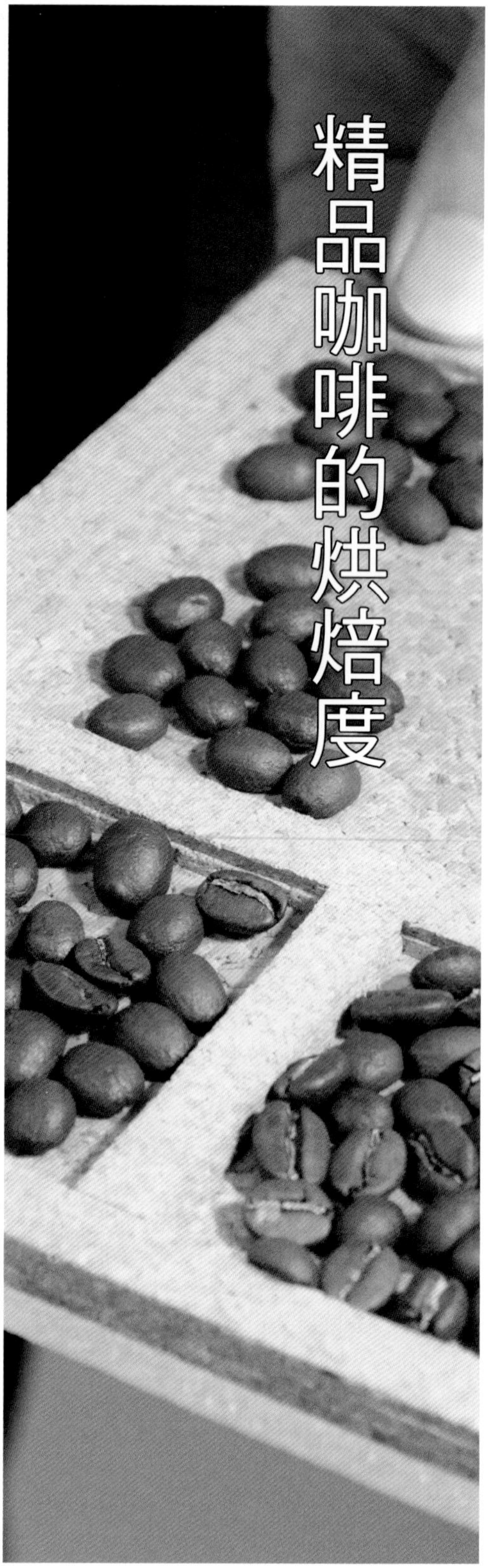

◆Agtron焦糖化測定器與L值

烘焙最難之處就在於停止烘焙的精確時機。如果無法始終保持固定的烘焙度，則咖啡的味道必然容易變化，無法讓人記住穩定的滋味。高手要追求的就是「味道的重現」，在任何狀態下都必須能夠重現同樣的美味才行。

那麼，應該在哪個烘焙度停止烘焙呢？烘焙度取決於加熱溫度及時間。停止烘焙的時間點極微妙，不過如果把這個時間點視為展現實力的一環，相信各位自然會湧現幹勁及目標。烘焙的成敗端看此一時間點。

既然如此，我們可以擅自決定烘焙度嗎？可也不可。如果只是個人興趣，你當然可以自行決定在什麼烘焙度停止，但如果是做生意就不能這麼做。明明採用深度烘焙才能夠襯托這種咖啡豆的特性，你卻隨心所欲地採用淺度烘焙，做出了澀味高的咖啡。這種做法簡直有辱專家之名，更重要的是浪費了咖啡豆。

尤其講究烘焙度的場合是正式的杯測審查之時。SCAA的規定是，如果使用Agtron焦糖化測定器M-Basic，咖啡豆的標準需在58，咖啡粉則是63左右；使用Color Disk（可參考81頁照片）的話，則必須烘焙到＃55。

Agtron焦糖化測定器是美國內華達州Agtron公司販售的光譜儀。此光學儀器是利用紅外線區域的波長檢測咖啡的烘焙程度。

如果參加美國SCAA舉辦的杯測研討會，就有機會學習操作焦糖化測定器。而沒有機器時，則多半使用 Color Disk 確認杯測使用的咖啡粉是否在＃65～＃55的範圍之內。

另一方面，日本 SCAJ 採用的指標不是使用焦糖化測定器，而是「L值」。L值是利用色差計檢測烘焙豆（粉末）的亮度所得出的數值，黑色表示L值為0，白色表示L值為100。也就是說，烘焙顏色愈深，L值愈低；顏色愈淺則L值愈高。Agtron 焦糖化測定器與L值雖然無彼此對應，不過 Agtron ＃65～＃55約相當於L值21～20。

Agtron 焦糖化測定器的 Color Disk 編號與烘焙狀況之關係，如下所示：

＃95…第一次爆裂高峰期即將結束之際（照片1）
＃85…第一次爆裂結束前後（照片2）
＃75…第一次爆裂已經結束時（照片3）
＃65…第一次爆裂與第二次爆裂之間。沒有產生爆裂的狀態（照片4）
＃55…有些咖啡豆發生第二次爆裂時（照片5）
＃45…第二次爆裂進入高峰期之前（照片6）
＃35…第二次爆裂高峰期（照片7）
＃25…油脂稍微滲出來之前（照片8）

◆不愛苦味的 SCAA

另一方面，過去美國是採用以下方式分為8階

Agtron Color Disk

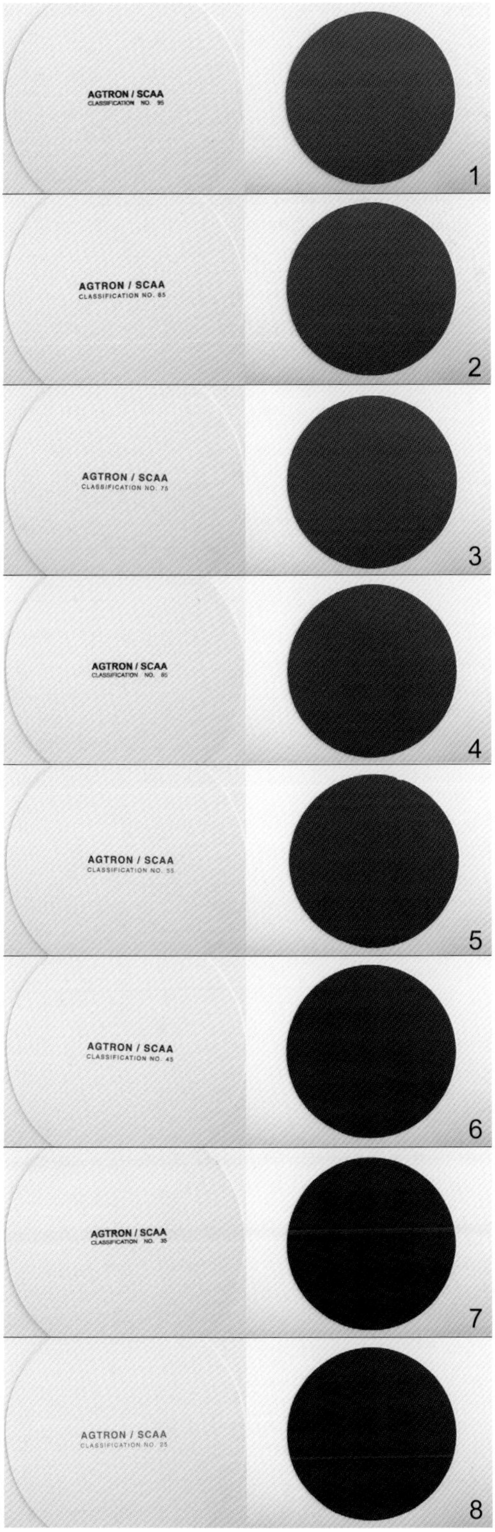

段：

- 輕度烘焙（Light Roast）／肉桂烘焙（Cinnamon Roast：淺度烘焙）
- 中等烘焙（Medium Roast）／高度烘焙（High Roast：中度烘焙）
- 城市烘焙（City Roast）／深城市烘焙（Full-city Roast：中深度烘焙）
- 法式烘焙（French Roast）／義式烘焙（Italian Roast：深度烘焙）

SCAA的Agtron分類是排除過去的8階段中最淡的輕度烘焙與最深的義式烘焙，將剩下的肉桂烘焙到法式烘焙再分成8階段。

老實說，我對這種方式感到有些不解，同時也懷疑，難道這意思是SCAA認為烘焙到比＃25深的咖啡就不好喝？

深度烘焙的咖啡絕不是只剩下苦味，而少了原有的風味。目前在我店裡，肯亞與印度咖啡豆都烘焙得比＃25更深。

原因是這樣比較好喝。SCAA重視清爽的酸味與果香，對於「苦味」則較不重視。

這部份我想等到杯測的章節再詳談，總之SCAA的杯測表格之中沒有評價「苦味 bitterness」的項目。對於咖啡來說，出色的苦味才是最重要的因素，然而SCAA的審查項目中卻不包含苦味。

咖啡原本就是用來享受苦味的飲料，沒有評鑑「苦味」品質與份量的項目，總讓人覺得不太合理。

回到正題。SCAA的規定是以Agtron＃65～＃55的烘焙度評鑑精品咖啡，但實際參加一趟SCAA的訓練講座之後，你會發現甚至出現烘焙程度淺到令人懷疑「為什麼是＃65？不是＃75嗎？」的情況。

另外，根據我實驗烘焙的結果，如果想要將C型和D型的硬豆勉強烘焙出＃65的顏色，豆表會充滿皺摺、又黑又萎縮，絕對烘焙不出亮褐色。

如此一來，我也瞭解到為什麼豆質柔軟的小顆豆能夠獲得高評價，實際參加講座的多數咖啡豆都是因為「烘焙程度太淺而無法獲得正確評價」，令人惋惜。因為它們沒有被烘焙出除了香味之外的味道，因此整體味道無法給人留下深刻印象，在味覺評鑑上不易得分。

照理說，在固定的烘焙度之下，Agtron等顏色範本應該只是參考的標準之一。簡單來說，重點該擺在能夠發揮豆子味道與香氣的烘焙度為何，而不是豆子「應該呈現什麼顏色」，因為豆子的顏色只不過是烘焙之後的結果。

配合 Agtron Color Disk 色表烘焙的咖啡豆

白色文字表示色表的 RGB 參考值

烘焙的最佳時間帶

◆聽不見爆裂聲

前作《咖啡大全》中，我曾經介紹停止烘焙的「最佳時間帶」觀念。想要在某個時間點停止烘焙十分困難，幾乎不可能辦到。因此我以最佳烘焙度（容許範圍大約5秒鐘）為中心，烘焙稍久的「正5秒」到烘焙稍短的「負5秒」這個範圍（而且必須是在第一次爆裂之後），也就是正負15秒以內的烘焙度稱為「最佳時間帶」，這個時間帶之內的味道都屬於許可範圍。

這就好像投球姿勢與球速類型眾多，不過不管是內角偏高或外角偏低，只要進入「好球帶」，姑且都稱作「好球」，捕手都能夠漂亮接到。但是要投出好球並不容易。

這裡必須再重申一遍「咖啡豆為什麼會爆裂」。

大部份的咖啡豆在烘焙時會出現兩次爆裂。最初的爆裂稱為「第一次爆裂」，接下來的稱為「第二次爆裂」，但如果這個生豆尺寸平均、顆粒大且肉質厚實、含水量也均等的話，情況會是如何呢？

根據理論來看，假設烘焙條件相同，而且鍋中的咖啡豆全部同時爆裂，那麼爆裂聲應該只會「啪茲」一聲就結束。

但是無論尺寸如何工整的咖啡豆，每顆豆子大約會持續爆裂2分鐘。這意味著什麼？也就是理論上即使外表整齊的豆子，爆裂時間仍舊有落差。

咖啡豆之中有些豆子成熟度高、柔軟且能夠充份膨脹，也有些豆子不夠成熟、含水量多、不易膨脹。

A型

巴拿馬・唐帕奇莊園・帝比卡

海地

因此各位可以想像，鍋中有著一開始就會爆裂而膨脹的柔軟豆子，也有2分鐘之後終於開始爆裂的不易膨脹豆子。也就是「2分鐘的爆裂時間＝2分鐘的時間差」。

至於精品咖啡又是什麼情況呢？理論上精品咖啡來自同樣的咖啡田、同樣標高，品種、精製法、含水量也相同。外觀上的顆粒大小、肉質厚薄、硬度如果都一致的話，照理說應該不會產生爆裂時間差，爆裂聲也應該同時在幾秒內結束，但實際上並非如此，爆裂時間仍比商業咖啡短20～30秒左右。

尤其是烘焙顆粒大小整齊的咖啡豆時，往往當你還在懷疑「怎麼還不爆裂」，就會突然整齊劃一的開始爆裂。其中有些豆子甚至不會發出爆裂聲。這種微妙的變化只能說或許正是精品咖啡的特色。

◆難以分類的咖啡豆

開始說明「系統咖啡學」之前，

請各位再一次回顧「四大類型與烘焙度的關係圖」（見57頁）。圖中標示出四大類型各自的最佳烘焙度與次佳烘焙度，如果按照標示橘色的對角線煮咖啡，自己也能夠煮出好咖啡。看圖也能夠一目了然，只要沿著對角線上的◎記號為中線對折的話，左右邊正好重疊。不曉得算是偶然或是必然，總之那張圖正好形成完美的左右對稱。

也就是說，如果遇到A型豆採淺度烘焙，B型豆採中度烘焙，C型豆採中深度烘焙，D型豆採深度烘焙，就不會有任何問題。事實上這種分類方式雖然不夠精確，不過幾乎能夠機械式套用，毫無例外。而如果是精品咖啡的話，照理說每一批次的品質更加平均，沒有參差不齊，理應使得分類更加容易，而烘焙度也會比商業咖啡更容易區別才是。然而實際狀況卻不是如此。

只要看了精品咖啡的「根據四大類型烘焙」（見79頁）就能夠明白A型的最佳烘焙度不一定是淺度烘焙，D型也不一定是深度烘焙。說穿了每種咖啡豆的適性不同，比方說分類在C型的巴拿馬產藝妓種等最佳烘焙度是接近淺度烘焙的中度烘焙，而非中深度烘焙。分類型只是為了方便，畢竟精品咖啡比起商業咖啡擁有更多獨特的個性，不適合直接歸類在小框框內。

這代表著什麼意思呢？也就是說，精品咖啡的生豆在構成上雖然鮮少有參差不齊的情況，不過相反地卻展現出許多獨特的個性，導致無法將它們單純分組，即使你不願意也必須個別因應每種咖啡豆的特性。

商業咖啡最重要的是豆子表面「是否出現皺摺」，這一點就像是商業咖啡的鐵則。皺摺如果不夠多，咖啡就會留下澀味。但精品咖啡則不一定所有品種的咖啡都會有皺摺，咖啡師沒有必要專注在這一點上。有時如果出現皺摺，反而會喪失味道與香氣，變成一杯單調平板的咖啡。因此有些時候在某些條件下，「沒有皺摺」也可以被接受。

至於提到「沒有皺摺」的代表性咖啡豆，就是巴拿馬出產的藝妓咖啡了。藝妓咖啡因為顯著的果香味而廣為人知，風味有些類似從前的衣索比亞吉馬產區水洗豆，但過去沒有個性如此強烈的咖啡豆。

想要發揮藝妓咖啡的味道，就必須善用這種柑橘類香氣，香氣如果消失就沒有意義了。而至於哪一種烘焙程度最能夠釋放它的芳香，根據多方實驗的結果可知，杯測評鑑時規定的烘焙度，也就是Agtron #65～#55最能夠發揮它的香氣。這個程度大約是即將進入第二次爆裂之前。因此每個人都鎖定第二次爆裂之前的停止烘焙時機，卻始終抓不到最正確的時間點。尤其是使用排氣較弱的小型烘焙機的話，更難以掌握時間點。

B型

多明尼加・弘卡利托

印尼・曼特寧・BB

◆檸檬汁般的香氣

如果要配合烘焙的顏色，香氣雖然出現了，卻因為皺摺過多而無法展現好味道。若再烘焙一會兒等味道出來，藝妓特有的果香味又會突然消失。烘焙失敗的話，愈貴的咖啡豆，失望程度愈大。藝妓就存在這種陷阱，烘焙時就如同走鋼索一樣戰戰兢兢。

如果是商業咖啡，一般從第一次爆裂到第二次爆裂的空檔是2分鐘。但如果是巴拿馬・唐帕奇莊園・藝妓的話，就只有1〜1分半鐘左右。

另外，商業咖啡的最佳烘焙帶大約有15秒鐘的緩衝期，但精品咖啡則更短，容許範圍也更狹窄。而味道很可能在某個時間點突然改變的情況也經常發生。

看看79頁的「四大類型的烘焙度」就會知道藝妓種的比重較大，也就是總體密度大，與肯亞、瓜地馬拉、曼特寧等屬於同類。手撈起生豆可以感覺到沉甸甸的重量就表示這是總體密度大的咖啡豆，這類豆子不易出現皺摺。

同屬C型的巴拿馬・翡翠莊園・藝妓咖啡豆與坦尚尼亞ＡＡ・感恩咖啡豆（Asante）擺在一起，你會發現它們同樣顆粒大又扎實，皺摺出現的方式也相當類似。

當你以為它們的硬度大概一樣時，又完全不是那麼回事。藝妓雖屬於C型，豆質卻有著超乎想像的柔軟，而根據皺摺出現的狀況可分為最佳烘焙度與次佳烘焙度。這部份也出人意料，因為如果坦尚尼亞或瓜地馬拉也配合它的最佳烘焙度烘焙，反而會變成充滿澀味的難喝咖啡。也就是說，如果沿用商業咖啡根據「皺摺」判斷的原則處理精品咖啡的話，恐怕會抹煞原本特有的水果味與香氣。

你或許想問：「那麼，哪些豆子有皺摺、哪些沒有比較好呢？」但可惜的是沒有能夠依循的指標。如果沒有一一烘焙過每種豆子，就無從得知答案。

聽到我這麼說，對精品咖啡銷售充滿熱情的人或許會說：「所以皺摺這種東西不是只要有就好。」

我在公開場合或書上都曾經高分貝提倡「要有皺摺、要有皺摺」，並強調皺摺的必要性。而這個曾大力鼓吹皺摺效果的人，現在突然說：「沒有皺摺也可以」，各位當然會感到不知所措。

但是我絕不是改變了初衷，畢竟烘焙的基礎仍在於豆子表面的皺摺分佈情況。

對於這一點，我仍堅持自己的看法，不過也有像藝妓咖啡這種例外。主要原則沒有任何改變。藝妓是能夠釋放強烈芳香的獨特咖啡，但是並非如此就能夠成為人氣商品。

深度烘焙之後，藝妓咖啡特有的香氣確實會消失。與它類似的衣索比亞水洗式西達摩、耶加雪菲等優質咖啡即使深度烘焙，仍會留下獨特風味，很難評論將類似檸檬汁般的清香傳達給顧客算不算是優點。我個人覺得這有點像化上了濃妝賣弄，所以有些猶豫。自己的店端出商品給客人時，必須考慮到客人的烘焙喜好，而眾人不斷提倡藝妓咖啡的最佳烘焙度為「即將進入第二次爆裂之前」也是如此。我不禁懷疑這些相信「Agtron #55」的人們或許根本不曾嘗試過更深的烘焙程度。

進入精品咖啡時代以來，事實上烘焙的喜好整體而言傾向淺度烘焙。這也是因為主導精品咖啡業界的SCAA等歐美國家重視香氣的關係。

◆最佳時間帶範圍過窄

烘焙是「減法」的世界。看了49、51頁的圖表也能發現烘焙過程的味道、風味變化事實上多采多姿。咖啡豆加熱愈久，愈容易失去味道與香氣，而且再也

C型

坦尚尼亞 AA・感恩咖啡

巴拿馬・翡翠莊園・藝妓咖啡

找不回來。烘焙的原理不是利用加法，而是減法。問題是該減多少才能夠創造出味道與香氣均衡的咖啡呢？

減法是烘焙時的原則。然而進入精品咖啡時代，或許該說在歐美主導的思考方式支配下，孕育出了「數大便是美」的風潮。這裡的「數」是指味道與香氣的絕對數量。藝妓咖啡的香氣在數量上絕對無人可敵，因此它能夠得到100分滿分，是很棒的咖啡。這就是現在的風氣。事實或許真是如此，但是日本人原本重視的是咖啡的醇厚度與口感等質地。

如果被問到：「難道精品咖啡代表的只是香氣嗎？」你會如何回答？

日本自平安時代（西元七九四～一一八五年）起就有焚香、鬥茶等傳統，對於香味相當講究，甚至擁有歐美人難以望其項背的敏銳舌頭與嗅覺。但是這種美好的特質正好能使微妙的香氣得以發揮，並且排除那些缺乏品味又愛賣弄的香味。

假設以藝妓咖啡為例，並根據類

型進行烘焙，這類藝妓咖啡依舊會受到青睞。

其中三種的最佳烘焙度是「中度烘焙1」，剩下的一種是「淺度烘焙2」，這是重視各種香氣，而且是微妙高雅香氣所得出的結論。但這只是我個人的看法，究竟該「重視香氣」或是「重視味道」，端看烘焙者自行決定。

至於B型的曼特寧．BB，乍看之下似乎是D型，而前作《咖啡大全》一書中還將曼特寧G1特選歸類為C型，但是到了精品咖啡的世界，曼特寧反而歸類為B型，與外觀大不相同。

其生豆的綠色看來像帶著劇毒。咖啡豆尺寸（濾網）15～17也稱不上大顆。其他還必須確認精製法與透熱性的好壞、脫殼情況好壞、膨脹狀況、皺摺分佈等，綜觀各方條件之後認為它容易烘焙，因此歸類為B型。

看了曼特寧的例子不難發現，精品咖啡的成熟度高，顆粒大小整齊，成份上沒有參差不齊，故透熱性平均，因此烘焙時也相對容易。但相反地，停止烘焙的最佳時間帶範圍確實也較狹窄，要在正確的時間點上停止烘焙十分困難。烘焙雖相對容易，但是掌握烘焙停止的時機卻相當困難——這也是精品咖啡的明顯特徵之一。

瓜地馬拉薇薇特南果產區的儲備咖啡就是最典型的D型。而在商業咖啡中確實是將瓜地馬拉SHB歸類為D型，不過烘焙之後就會發現前者的困難度遠大於後者。外觀上看來，兩者都是圓滾的橢圓形豆子，從果肉厚度就能夠推測出烘焙相當困難，姑且嘗試烘焙薇薇特南果產區的咖啡豆之後，就會發現最佳時間帶範圍實在太狹窄，僅僅超過幾秒鐘都不行，令人戰戰兢兢。而且只要稍微錯過最佳時間點，豆子味道就會變得單調又平板。

瓜地馬拉咖啡豆在日本的評價原本就高，而且相當廣為人知，但是否每一家店都能夠端出具有堅果、焦糖、巧克力風味的美味瓜地馬拉咖啡，著實讓人有些懷疑。畢竟它是十分不易烘焙的咖啡豆。如果又是精品咖啡的話，難度再加一級。換言之，瓜地馬拉咖啡豆也可說是能夠挑起烘焙者鬥志的出色咖啡豆。

D 型

瓜地馬拉・薇薇特南果產區・儲備咖啡

肯亞 AA

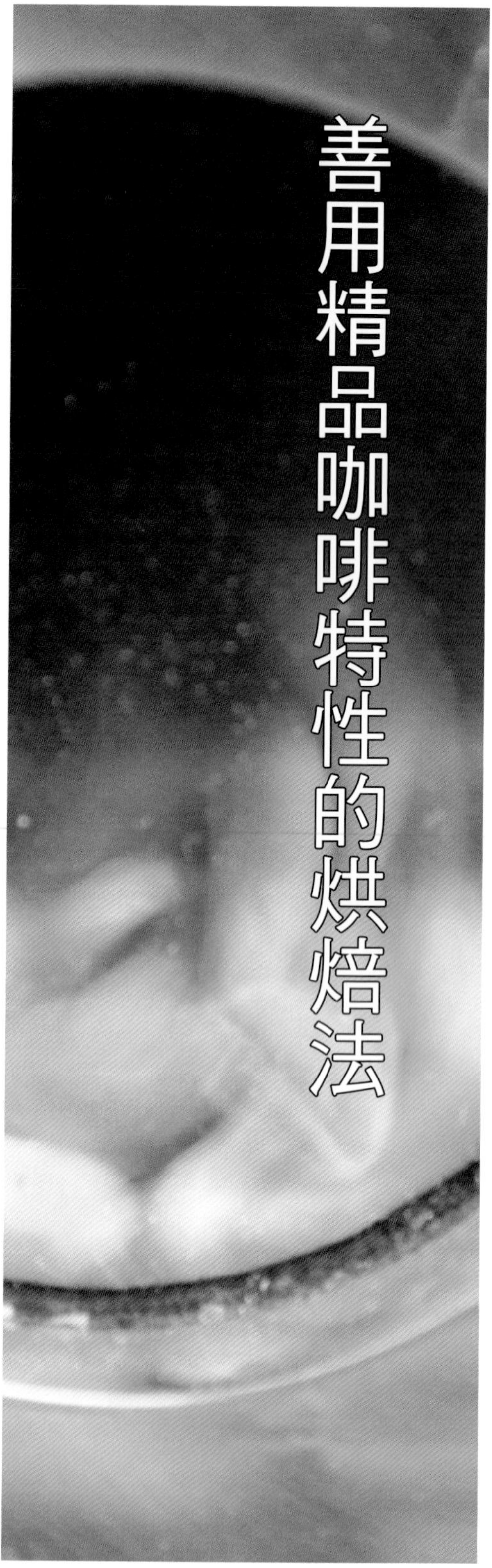

善用精品咖啡特性的烘焙法

◆精品咖啡是3D的世界

前面已經提過，在我店裡指導學員烘焙時，無論何種咖啡豆都要分成4階段～8階段、8階段～16階段、24階段～32階段等程度進行，並藉由這種細分過程確認咖啡的每個味道變化，如此一來就能夠分辨出哪個烘焙度才是自己想要追求的味道。有些自家烘焙咖啡店標榜「本店採用深度烘焙」。或許他們採購的咖啡豆正好適合深度烘焙，但是像碰運氣似的「這次恰好很美味」可不行。哥倫比亞的中深度烘焙確實好喝，但這並不是說中度烘焙就難喝。有時烘焙度也要配合使用目的。

每個人「追求的味道」是什麼樣的味道呢？基本上就是沒有缺點的味道吧。烘焙技術不純熟也是咖啡味道的缺點之一。除卻這一切所完成的咖啡呈現出來的就是最基本的味道，只要抓住這種感覺，接下來就能夠嘗試次佳烘焙度、最佳烘焙度。最佳、次佳烘焙度並非只是用來分類咖啡味道的評價方式，也是規劃咖啡菜單時的思考方式及經營上的方針。

比方說，如果選擇B型的古巴咖啡與尼加拉瓜咖啡調配綜合咖啡，這時就不能選用最佳烘焙度為「中度烘焙」的古巴咖啡，必須使用次佳烘焙度的「淺度烘焙」古巴咖啡，才能夠保持彈性，建立更多樣化的咖啡菜單。最重要的是確定自己烘焙的咖啡豆味道究竟位在座標軸上的哪個位置。

談到座標軸，接下來要說的是提到烘焙精品咖啡時必須牢記在心的「想像圖」。如果是商業咖啡，只要看看「四大類型與烘焙度的關係圖」（見57頁）就能夠明白，淺度烘焙～深度烘焙的「烘焙度」是縱軸，而A～D的「分類」是橫軸，它們的關係就是「縱軸D×橫軸W＝好喝」，亦即可以2D（二次元）表示「好喝」。

但是到了精品咖啡的世界，還必須加上「垂直軸」，一口氣進入3D（三次元）的世界。因此「好喝」方程式就成了「縱軸D×橫軸W×垂直軸H＝好喝」。現在說的是「想像圖」。加上「垂直軸」要素是因為各種精品咖啡別具特性，其中有些咖啡豆不適用於過去的原則，再加上停止烘焙的最佳時間帶太狹窄的關係。

我認為有幾個原因。首先是精品咖啡只使用完全成熟的豆子，加上小批次的關係，精製過程也相當仔細，豆子品質鮮少參差不齊，因此味道穩定，亦即核心味道也就相對明顯。

如果各位把最佳時間帶想像成小圓，相信會更容易瞭解。這個圓逐漸擴大的話，各種好壞味道會開始混雜在一起，而手選豆子能夠縮小圓的範圍，也就是整體味道會愈來愈平均。手選的用意就是在此，能夠排除核心味道以外的味道，提高核心味道的純度。

◆描繪「垂直軸」的概念

自從進入精品咖啡的世界後，省了不少手選的時間。儘管如此，巴哈咖啡館仍然堅持反覆進行手選，進一步提升咖啡豆的純度。至於提到烘焙是「3D世

類型 × 烘焙度 × 特性

藝妓種咖啡的獨特香氣與酸味、印尼曼特寧的色調變化等「特性」就是「垂直軸」。

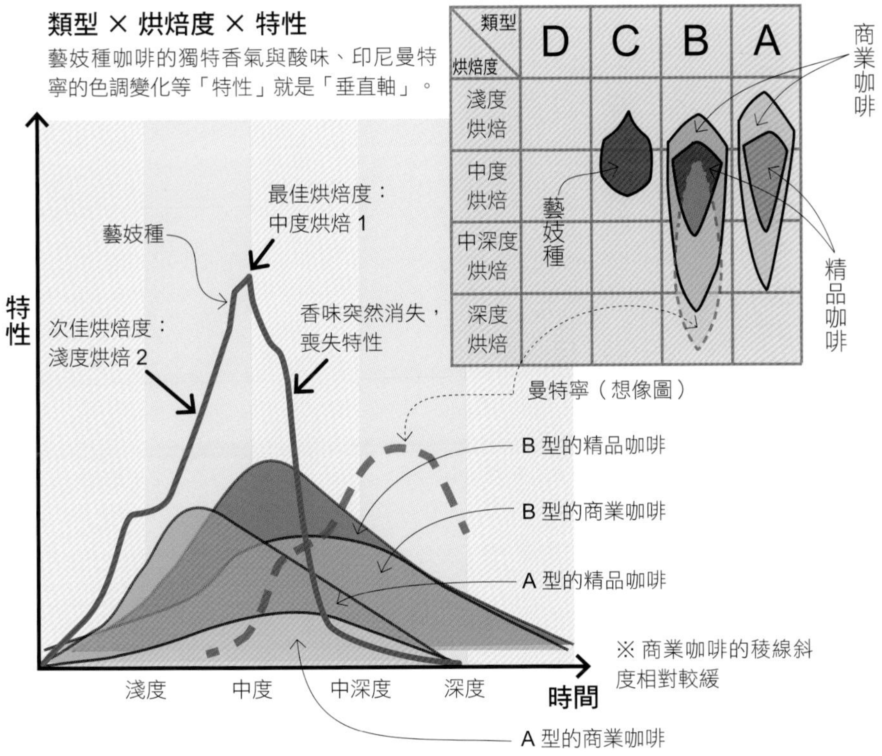

界」則是因為我們愈來愈無法忽視咖啡豆的特性。

比方說，我們一再提到的巴拿馬藝妓種咖啡，烘焙到某個時間點時能夠釋放出無與倫比的芳香，而下一秒這種香氣就會瞬間消失。如果不將這種獨特香氣擺在「垂直軸」上或者在心中想像，你將無法引導出其特性，只是單純把豆子烘焦就結束了。

至於印尼的曼特寧．BB又是如何呢？這種豆子的「垂直軸」該擺的是「色調的變化」。生豆呈現可怕的黑綠色，而這種顏色來自於獨特的蘇門答臘濕剝式精製法。乍看之下似乎是質地堅硬的咖啡豆，加熱後就會逐漸柔軟。

這是曼特寧的特點，但顏色並沒有因此變漂亮，只是變淡了，不過仍帶點黑色。

即使採用淺度烘焙，整體看來仍像經過了深度烘焙一樣。精品咖啡這種傾向更是強烈，必須在比一般人想像更淺的階段就停止烘焙。曼特寧的特徵是一般稱作土味（earthy）的不新鮮味道（off-flavor，表示失去原來鮮美的味道。可參考134頁）。首先必須消除這種味道，但多數人卻在這股味道消失之前就結束烘焙了。有些人或許是基於喜好，不過大部份都是被它違反常理的顏色變化給騙了。

讓顧客瞭解這個「垂直軸」概念相當困難。巴拿馬唐帕奇莊園的帝比卡咖啡採用中度烘焙與淺度烘焙時，想像圖大約像一座緩丘；藝妓與肯亞咖啡則像是高聳陡峻的山岳。咖啡豆的個性無法光靠烘焙度傳達，各位可以試著在腦海中描繪這類想像，只是想要讓一般人瞭解或許十分困難。

因此美國出現可讓顧客依喜好選擇塞風壺或滴濾杯等萃取法的咖啡店，日本也出現專門採用法蘭絨滴濾法的咖啡店。這些人都是為了讓世人知道精品咖啡的美好而願意面對困難、在困難中掙扎。多虧這些努力，最近十年吾等精品咖啡業界原本只顧著向前奔跑，回過神來才發現我們已經把消費者拋下。回想起來，精品咖啡的問世雖然是前所未有的「事件」，但不能否認多少有些唱獨角戲的感覺。業界也開始反省自己無視消費者、獨自狂熱的態度。不管怎麼說，接下來的發展才重要。

◆脫水縮合與加水分解

話題已經進入3D的世界，這裡將再度提及滋賀醫科大學的旦部幸博醫生。他將傳授各位烘焙具有3D特性的咖啡豆時，該如何控制才能夠變身美味的咖啡？

前面曾經提過，咖啡是帶有苦味的飲料。至於那個苦味是什麼物質製造出來的？旦部醫生表示：

「根據近期的研究，對咖啡苦味影響最大的似乎是綠原酸。在烘焙加熱咖啡生豆時會產生各種化學反應（褐變反應），而且直到最近已經證實其中的綠原酸會製造許多苦味物質。」

前面也曾經提過，這些苦味物質大致可以分成兩大類，旦部教授說，這些物質也是咖啡苦味的核心。

①綠原酸本身產生的綠原酸內酯

②咖啡酸產生的乙烯兒茶酚聚合物

按照旦部醫生的說法，綠原酸是由咖啡酸和奎寧酸脫水縮合而成。所謂「縮合」（condensation）是指多種物質變成一種的反應。而縮合時會出水，此反應就稱為「脫水縮合」。與其相反的則是「加水分解」，是將一種物質變成兩種的反應。總之加水後引起的分解反應就稱為「加水分解」。

我們已經知道苦味的主要來源是①綠原酸內酯與②乙烯兒茶酚聚合物，問題在於這兩種苦味有什麼不同？苦味之中也有「好苦味」（苦中帶甜）與「壞苦味」（完全不甜）的分別，①是讓咖啡像咖啡的「好苦味」，②則是讓人想到像是鍋巴過焦而碳化的「壞苦味」。

該如何使綠原酸釋出咖啡的「好苦味」？綠原酸原本就是遇熱會變得不穩定的物質，利用烘焙加熱，可透過生豆中所含的水份促使其分解。

含水量少的生豆一旦加熱後，會產生「脫水反應」（喪失一個水分子），產生「好苦味」來源的綠原酸內酯。另一方面，綠原酸加熱後會分解出「奎寧酸」與「咖啡酸」。咖啡酸會進一步發生化學反應，製造出②的乙烯兒茶酚聚合物，也就是「壞苦味」的來源。這種苦味物質與綠原酸內酯一樣，擁有咖啡因10～20倍的苦味，類似深度烘焙的義式濃縮咖啡。

既然要品嚐，與其選擇「壞苦味」，不如選擇「好苦味」。那麼，該採用什麼程度的烘焙，才能夠製造綠原酸內酯？旦部醫生說：

「生豆狀態的咖啡豆幾乎不含綠原酸內酯，必須透過烘焙，在淺度烘焙～中度烘焙階段才能夠產生，並製造出咖啡的『好苦味』。如果繼續烘焙下去，此物質會逐漸分解，到了深度烘焙階段的高峰期時，此物質的含量只會剩下一半。」

取而代之增加的是帶來「壞苦味」的乙烯兒茶酚聚合物。這種苦味物質會大量出現在中度烘焙～深度烘焙後期，因此就像一般常說的espresso like（濃縮咖啡一樣），這種苦味就等於是義式濃縮咖啡的味道。

到此，旦部醫生為我們簡單整理如下：

「烘焙咖啡的過程中，首先在淺度烘焙～中度烘焙階段會產生綠原酸內酯，製造出咖啡的『好苦味』。接下來進入深度烘焙階段時，綠原酸內酯減少，取而代之的是乙烯兒茶酚聚合物增加。這就是深度烘焙會產生獨特苦味的來源。」

接著旦部醫生繼續說：

「這種想法與綠原酸內酯增減模式、產生時的化學反應步驟多寡等毫無矛盾，因此可用來說明烘焙如何改變咖啡苦味的核心觀念。」

旦部醫生表示，來自綠原酸的苦味同時也會釋放出澀味，因此濃度過高的話，就會變成不討喜的味道。他也提到義式濃縮咖啡在日本未能普及，或許原因就在於咖啡的濃度已經超越個人玩賞的範圍，只剩下討厭的苦味，也就是乙烯兒茶酚聚合物帶來的味道。

◆變為老豆的意義

還有另一項重點。烘焙初期階段是「蒸焙」（脫水）狀態。所謂的「蒸」是指將生豆放進鍋爐中4～5分鐘之後，將制氣閥完全關閉，以小火排出生豆水份。基本上此狀態必須維持到第一次爆裂為止。「蒸」的動作能夠平均生豆的乾燥程度。

但問題就在「蒸」這個舉動。烘焙過程可讓綠原酸製造出大量苦味物質，而此時「水份的多寡」也會產生不同反應。

簡單來說，生豆水份少的話，就會引起「脫水反應」，產生綠原酸內酯；而生豆如果在水份充足的情況下加熱的話，就會發生「加水分解」反應，製造出奎寧酸和咖啡酸；繼續加熱的話，咖啡酸會變成乙烯兒茶酚聚合物。

與奎寧酸同時產生的咖啡酸是澀味來源，因此烘焙不完全而留下芯的咖啡會變澀，也是咖啡酸的緣故。採用中深度烘焙容易產生大量咖啡酸，咖啡會變得太澀、無法入口。因此為了避險，多數標榜自家烘焙的咖啡店會強行烘焙至深度烘焙為止。

我想美國的重度烘焙（Dark Roast）咖啡也是同樣情形。因為只要過了第二次爆裂的高峰期，味道與香氣就會消失，無論喝哪一種咖啡都相同，正好適合掩飾缺點。雖然算不上好喝，但也不至於有怪味道，因此大家都傾向這種做法。也就是說，比起奎寧酸、咖啡酸的澀味，一般人比較能夠接受乙烯兒茶酚聚合物的苦味。但這是毫無技術者的選擇。

那麼，有技術的人應該怎麼做呢？說得極端一點就是榨乾生豆。只要排除生豆的水份，讓它變成老豆（Old coffee），自然就會產生較多帶來「好苦味」的綠原酸內酯。只要榨乾生豆、減少水份，D型豆也會變得像A型豆一樣，讓烘焙更輕鬆。

被稱為老手的人們根據多年經驗也知道，即使不懂什麼化學變化，只要生豆水份少，相對來說就會比較容易烘焙，咖啡也一定會好喝。

烘焙變化圖　綠原酸製造苦味成份的過程

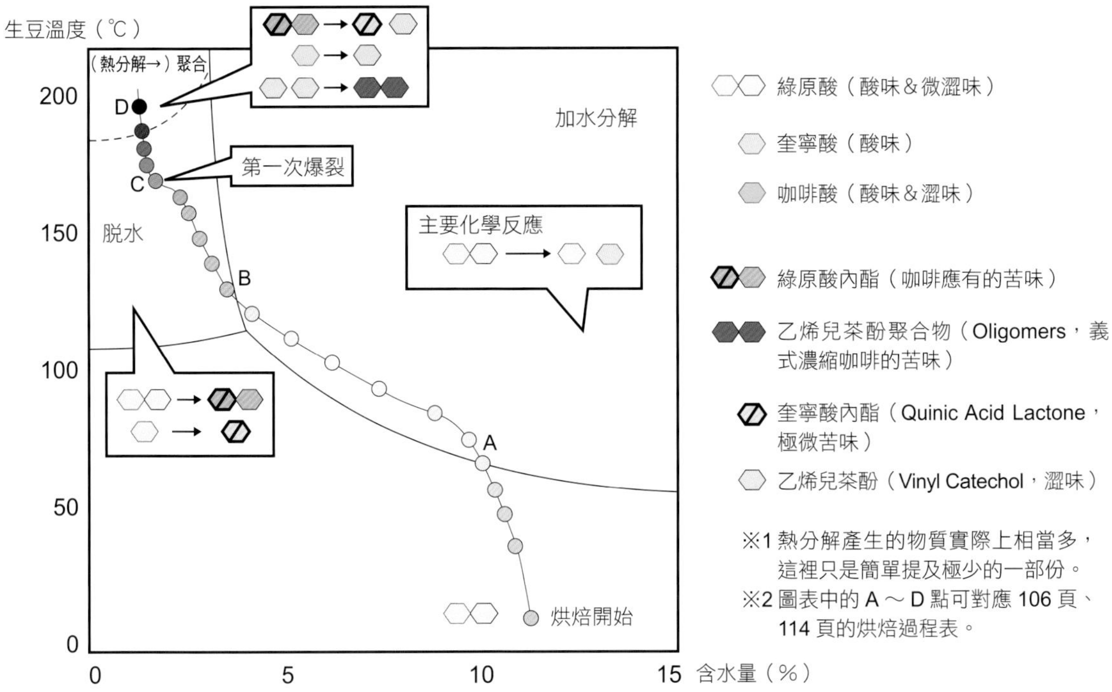

※1 熱分解產生的物質實際上相當多，這裡只是簡單提及極少的一部份。

簡單的烘焙概念圖

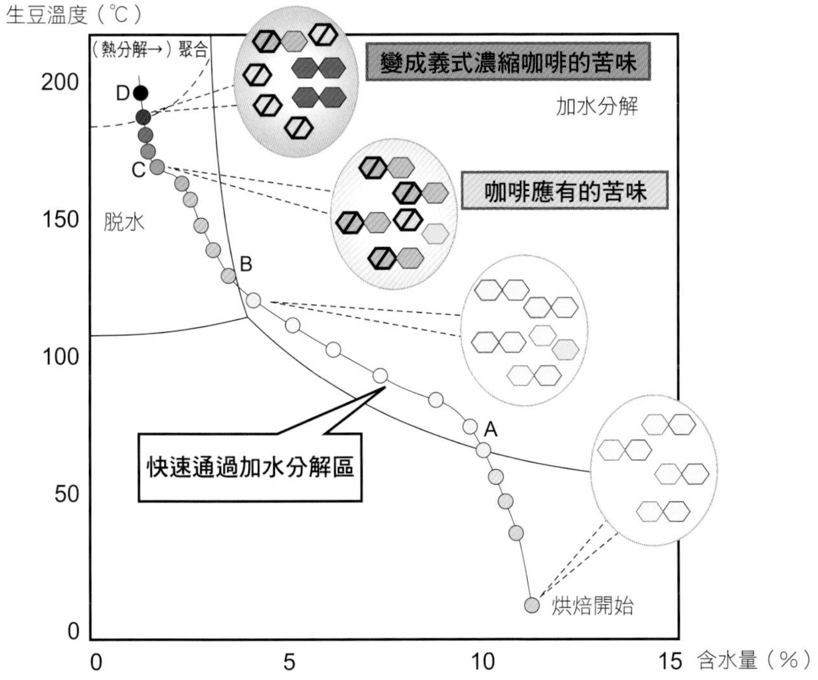

另外，因為機身較長的烘焙機無法伸直煙囪，在排氣不良的情況下，必須盡量去掉油性成份，因此理論上必須靜置生豆讓它乾枯。

旦部醫生在一連串「烘焙變化圖」的說明之中，提到：

「一般將烘焙過程圖表化時，是以時間和溫度為軸，但是除了溫度之外，我相信各位都明白生豆的含水量也相當重要。以這兩者（生豆表面溫度與含水量）為軸描繪圖表的話，各位也能夠簡單明瞭地看出A～D型是以此變化圖為基準進行分類。」

◆追蹤脫水狀態

於是，各位只注意到烘焙的「時間」與「溫度」。但是這樣不夠，還必須一併追蹤生豆的含水量與脫水情況。

旦部醫生表示，生豆從堅硬的「玻璃狀態」逐漸變軟，變成「橡膠狀態」，而繼續烘焙的話將會再度硬化變成「玻璃狀態」。他建議各位可以想像烤米餅（類似仙貝的餅乾）。烤米餅一開始很硬，加熱後會變軟，繼續加熱的話，則會再度變硬。

此生豆的組織呈現柔軟橡膠狀時，等於處在「烘焙變化圖」中的「加水分解區」，長時間停留在此區的話，會使加水分解所產生的綠原酸比例增加。也就是提高了產生奎寧酸、咖啡酸的風險。

如果持續停留在加水分解區內，味道會變成具有強烈酸味與澀味的酸澀味。因此最好能夠盡快脫離此區。旦部醫生也說：

「在高溫狀態下，含水率若是偏高，就會產生加水分解反應，含水率偏低則會產生脫水反應。我們追求的是脫水反應，如果能夠往這個方向進行，促使豆子產生綠原酸內酯，咖啡就會好喝。」

旦部醫生力主盡早去除水份的重要性，他笑著說：「其實最快的辦法就是讓生豆乾燥。」讓我也想轉而支持「老豆派」了。

◆快速通過加水分解區

各位已經瞭解想要打造具有優雅苦味的咖啡，必須快速通過加水分解階段。那麼，該如何進行呢？

以前的做法是，在第一次爆裂之前不要過快提高溫度，慢慢烘焙、脫水。過了第一次爆裂後，盡量快速烘焙。拖拖拉拉的話，味道會變得單調。現在回頭檢討，這種做法會加強苦味，並讓香氣稍微跑掉。

烘焙時，水份排除最多的時間點在過了中間點（排氣溫度開始下降那一刻）約3～4分鐘左右時。咖啡豆開始由玻璃狀態轉變為橡膠狀態，制氣閥全開1～1分半鐘一口氣排除豆子水份，而鍋爐也會因為

烘焙變化圖　綠原酸製造苦味成份的過程

熱風式烘焙機（Fluid-Bed Roaster）概念圖

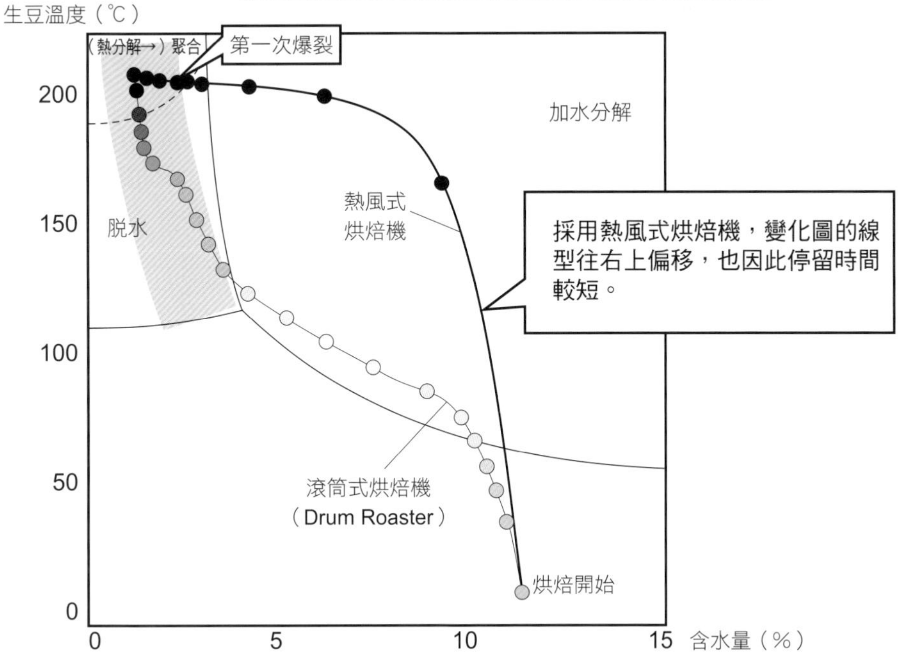

「蒸焙」的概念圖

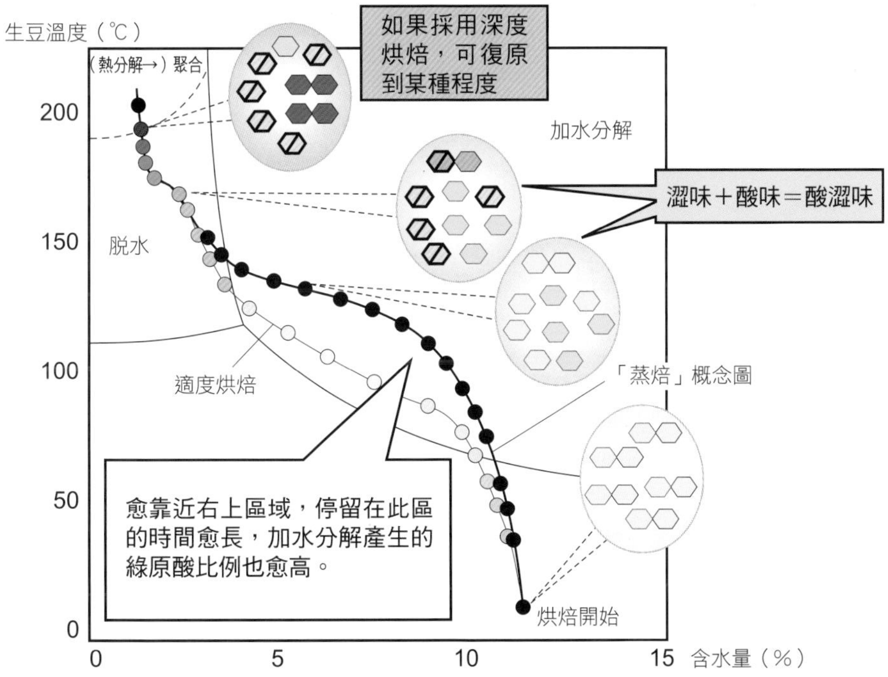

烘焙變化圖　玻璃轉移現象

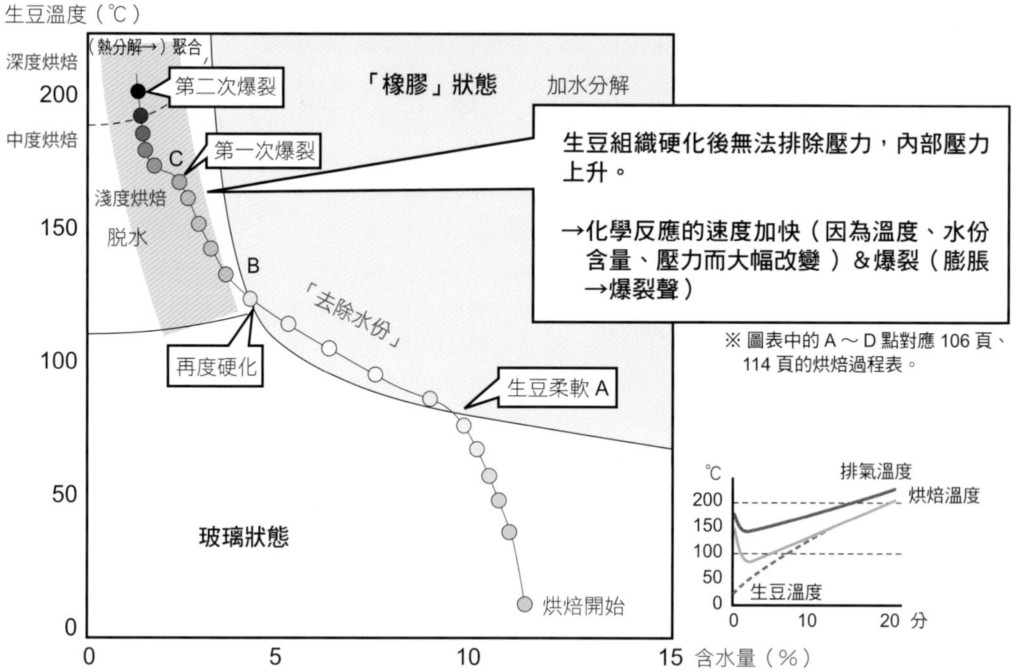

※ 圖表中的 A～D 點對應 106 頁、114 頁的烘焙過程表。

烘焙變化圖　A～D 型的差異

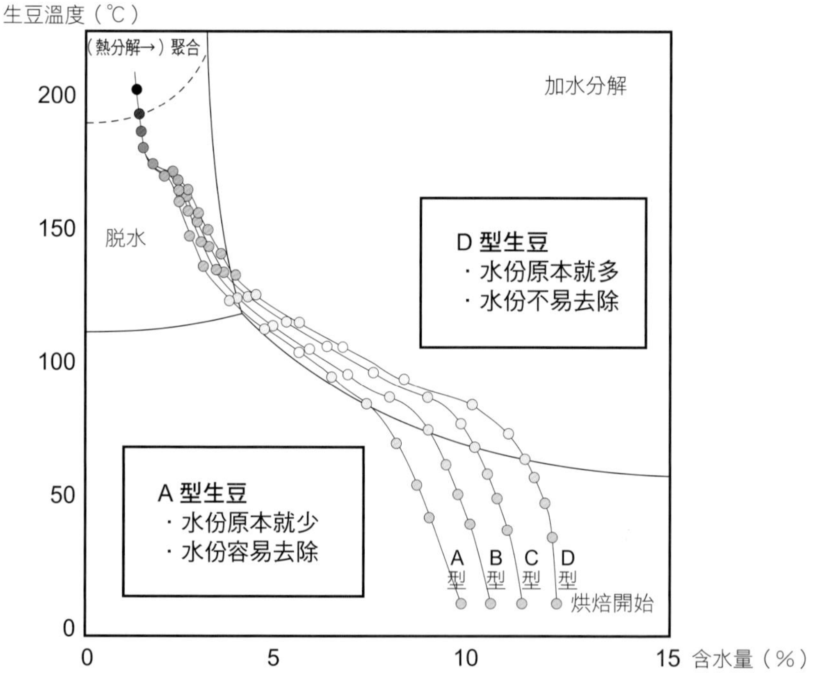

制氣閥開啟使空氣進入的緣故，而無法升溫。這樣一來就有一些時間讓熱度進入豆芯，讓豆子內外熱度均勻。

一旦熱度均勻，加上精品咖啡的品質原本就一致，因此也就沒有必要慢速脫水。

當然，如果是果肉厚實又堅硬的D型豆，仍然需要花很多時間排除水份。這階段如果花時間的話，加水分解的風險也相對較大。問題在於如何能夠快速繞行通過。

一般人是希望能夠盡快通過第一次爆裂之前的階段，但如果速度過快，很可能尚未充分脫水，豆子溫度已經上升。如此一來，好不容易產生的內酯恐怕反而會變成奎寧酸和咖啡酸。

旦部醫生提出的「烘焙變化圖」提供了最理想的烘焙概念。只要按照此圖的曲線進行烘焙，理論上應該能夠打造出好喝的咖啡。至於成果與理想的實際距離有多遠，答案將在接下來的「範例研究」之中揭曉。

烘焙範例研究

◆適合「高溫短時間烘焙」嗎？

一般認為「以230℃烘焙11分鐘」是最能夠發揮精品咖啡特色的烘焙方式。也有不少人模仿美國的同業。另外，某個牌子的罐裝咖啡標榜使用560℃的超高溫烘焙，能夠「鎖住香氣與甘甜味」。說起來，使用大型烘焙機的話，「高溫短時間」烘焙並非難事，但是我們必須質疑的是，這種烘焙方式真的適合精品咖啡嗎？

巴哈咖啡館目前使用的是「名匠」烘焙機。此產品是我與日本岡山縣的大和鐵工所共同研發製造，這麼說有點老王賣瓜，不過它真是一台排氣效能高、使用方便的好機器。如果嘗試使用名匠烘焙機進行「230℃／11分鐘」烘焙。平常放入生豆的溫度是180℃，這回突然改在230℃，觀察變化後會發現生豆順利膨脹，烘焙度大約正好是中度烘焙，外觀上與尋常烘焙出的豆子沒什麼兩樣。

冷卻後移至容器中，四周瀰漫咖啡的香氣。香氣相當強烈，但是幾天後就會逐漸消失。可能是劣化速度快的關係。含在嘴裡酸味偏強，整體味道平凡，沒有什麼深刻印象。雖然能夠瞬間釋放強烈香氣，氣味卻無法持久，正好符合杯測審查的喜好。這種烘焙方式或許正是用來「製造味道與香味」贏得高分的訣竅。

在精品咖啡的世界裡，人們對於「低溫長時間烘焙」始終有著負面印象。所謂低溫長時間烘焙是指溫度維持在180℃以下，烘焙時間長達30～40分鐘的方式。這是相對於規模較大業者採用400℃、4～5分鐘高溫短時間烘焙的做法。

一般人為什麼排斥低溫長時間烘焙，因為最重要的香氣會消失。精品咖啡最重要的就是獨特的香氣。因此就像我前面已經提過的，能夠強調味道與香氣的烘焙方式較容易為一般人接受。使用滾筒式烘焙機以230℃烘焙成本太高，機械容易耗損，而且還必須擔心可能發生火災。這類烘焙機的確能夠強調味道與香氣，但是出來的成品只能維持一個禮拜，很難當作商品賣錢。我再重申一次，烘焙是「減法的世界」。至少以我來說，我仍無法完全接受「味道與香氣愈多愈好」這種想法。

儘管如此，如果「減法」減過頭也不是好事。藝妓咖啡如果少了香氣，就成了隨處可見的尋常咖啡。一切只是程度的問題。如果用相對較短的時間烘焙，能夠製造出好滋味、風味的話，精品咖啡也應該存在著能夠發揮自身優點的最佳烘焙方式。

比方說，假設使用相對較軟的A～B型生豆進行短時間烘焙，而商業咖啡的中度烘焙約是17～18分鐘的話，我們嘗試提早2～3分鐘離火，也試著加強火力。這裡必須注意的是可能只有豆子表面燒焦而留下芯，或是發生煙燻、氣體籠罩的情況。

名匠烘焙機排氣效能高，高溫短時間烘焙也不會發生問題，但如果使用的是排氣效能低的小型烘焙機，煙霧和揮發成份可能悶在滾筒中或讓咖啡豆留下芯。一般制氣閥全開時，烘焙必須花上23～24分鐘時間，是因為這樣才能夠有效排除煙霧與揮發成份，也就是說時間設定23～24分鐘正好符合排氣量。

一般小型烘焙機一旦將烘焙時間縮短3分鐘左右，可能會出現不好的味道與香氣。這是因時間縮短、溫度急速上升所造成。這種時候最好的辦法是每2分鐘提高5～6℃。氣壓（煤氣13A，噴嘴口徑0.8mm）必須由0.75kpa（產生的熱量是6400kcal/m^3）提高到0.80kpa。因為低於0.50kpa的話，排氣過強會造成第二次爆裂之後溫度難以上升。

◆自家烘焙咖啡館存在的理由

巴哈咖啡館為何不採用「230℃／11分鐘」的方式呢？名匠烘焙機最高耐熱溫度是500℃，在設計上可耐300～400℃的持續使用。目前使用此烘焙機的三得利（SUNTORY）公司也以340℃烘焙咖啡。但因為顧慮到可能引發火災等情況，設計給一般民眾使用的烘焙機只要排氣溫度超過285℃，就會啟動自動滅火裝置，因而無法在此溫度烘焙。不建議各位採高溫連續烘焙，是基於安全問題的考量。

高溫短時間烘焙或許較適合A～B型豆。不過C～D型豆也可能因為排氣效能的關係，烘焙出表面焦黑卻留下芯的咖啡豆。這種咖啡豆澀味重。為了避免這種情況發生，必須記住最基本的烘焙方式，使用中等火力，在第一次爆裂、第二次爆裂階段打開制氣閥，並且稍微延長烘焙時間。

高溫短時間烘焙這種做法適合容量一百公斤以上的大型熱風式烘焙機使用。也就是說，這種烘焙方式追根究底是為了模仿大型企業的味道。如此一來，我等小型烘焙機就沒有存在的意義了。

還有另外一點。烘焙的生豆量也是一大問題。精品咖啡往往是1～2公斤左右的少量烘焙。以5公斤烘焙機烘焙1公斤以下的生豆並不容易。份量太少的話，味道容易不穩定，再加上如果烘焙時間短，烘焙停止的時機縮短，就更容易發生烘焙失敗。即使以同樣方式烘焙，也只會得到又澀又苦的成品。

原本的設計就是5公斤烘焙機烘焙5公斤生豆，3公斤烘焙機烘焙3公斤生豆。而我所謂的少量是指烘焙的份量低於烘焙機容量的一半以下。5公斤的烘焙機最少應該烘焙2公斤的生豆。為什麼要提到這點，因為正如我前面已經談過多次，想要利用一般烘焙機高溫短時間烘焙的話，排氣效率差的烘焙機往往會有烘焙出煙燻豆或氣體無法排出去的風險。

過去，如果家中房子是兩層樓獨棟建築的話，屋頂屋簷上必須裝設煙囪（排氣管）。高度至少必須在十公尺以上，否則無法成功烘焙。假如自然排氣量不足的話，則必須動用換氣扇進行強制排氣。有人抱怨只要裝上強力風扇就會大量排氣，造成鍋爐溫度無法上升。這種做法實在浪費能源。

回到正題，在進入具體的範例研究之前，我想談談巴哈咖啡集團的會員們如何看待精品咖啡。首先，多數人的想法是「能夠省略手選步驟」。如果經過手選程序，原料每公斤因此增加一百到二百日圓，仍然很划算。假設商業咖啡要花費的手選功夫是100％的話，精品咖啡就是20～30％。

有些人表示精品咖啡的手選步驟雖然省事許多，但處理過程也變得困難，除了技術之外，也要求烘焙的知識。這類咖啡豆的確讓人緊張，相反地也讓人感受到「設計味道」的樂趣。不曉得各位的想法如何呢？

◆精品咖啡不容小覷

前作《咖啡大全》中主要使用的烘焙機是富士皇家（簡稱皇家）5公斤的型號。這回主要使用名匠5公斤的機型，因此文中也補充了使用皇家烘焙機時應該注意的地方。名匠與皇家烘焙機最大的差異在於制氣閥的構造。名匠烘焙機有兩個制氣閥（其中一個命名為咖啡液香氣計），使用者可透過兩者的開關組合

烘焙記錄表

烘焙日	2010 年 8 月 9 日 11 時 26 分 42 秒	天氣	晴	室外溫度	33 (℃)	室內溫度	30 (℃)	濕度	62 (%)	第一鍋

生豆溫度，排氣溫度表

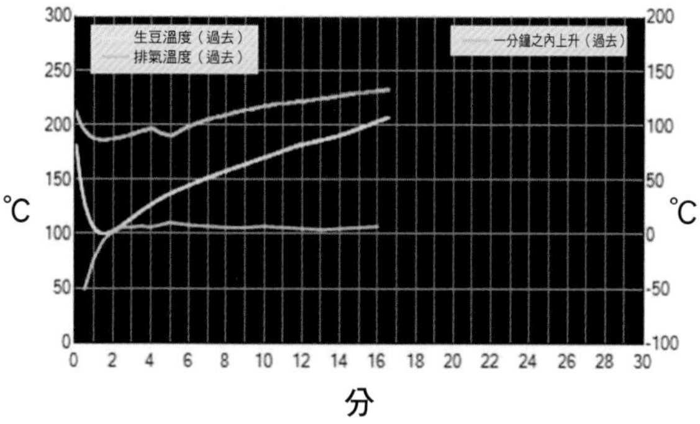

	咖啡名	坦尚尼亞	烘焙量	4.00 (kg)
①	全開	4 分 0 秒	⑤ 咖啡液香氣計	7.0
②	進豆溫度	180 (℃)	⑥ 蒸焙送風	800 (rpm)
③	第一次爆裂的溫度	174 (℃)	⑦ 第一次爆裂送風	1000 (rpm)
④	第二次爆裂的溫度	196 (℃)	⑧ 第二次爆裂送風	1200 (rpm)

⑨	第一次爆裂送風	10 分 30 秒	⑬ 啟動差
⑩	第二次爆裂送風	14 分 46 秒	4 分 15 秒
⑪	第一次爆裂 ST	11 分 46 秒	181℃
⑫	第二次爆裂 ST	15 分 47 秒	202℃

⑭ 中間點	01 分 21 秒 100℃	⑮ 烘焙停止	16 分 35 秒

⑯ 時間	進豆	0:30	1:00	1:30	2:00	2:30	3:00	3:30	4	5	6	7	8	9	10	11	12	13	14	15	16	16.35
⑰ 排氣溫度	0	195	188	186	187	189	191	194	197	190	199	205	210	214	218	220	222	225	227	230	232	233
⑱ 生豆溫度	0	129	106	100	102	108	114	121	127	137	145	152	158	164	171	177	182	186	191	197	204	207
一分鐘內上升	-51	-23	-6	2	6	6	7	6	10	8	7	6	6	7	6	5	4	5	6	7		

⑲ 氣壓	LPG	第一次	0.9 (kpa)	第二次		第三次
⑳ 備註	烘焙度是中度烘焙。沒有發生問題。					

※ 使用名匠烘焙機的記錄軟體

① 制氣閥全開一分鐘左右吹飛雜質。
② 有的人會視烘焙量的多寡調整，不過巴哈咖啡館為了與其他咖啡進行比較，因此均固定在 180℃。
③ 第一次爆裂的溫度對應⑦第一次爆裂送風。
④ 第二次爆裂的溫度對應⑧第二次爆裂送風。
⑤ 咖啡液香氣計是具有雙重閥的制氣閥，10 表示全開，7/10 表示微開。
⑥ 在「蒸焙」狀態下送風。每分鐘 800 轉。
⑦ 第一次爆裂送風是每分鐘 1000 轉。轉換器的風扇偏弱。
⑧ 第二次爆裂送風是每分鐘 1200 轉。風扇偏強。
⑨ 顯示達到③的 174℃溫度所需要的時間。
⑩ 顯示達到④的 196℃溫度所需要的時間。
⑪ 表示第一次爆裂開始的時間。
⑫ 表示第二次爆裂開始的時間。
⑬ 第一次爆裂送風開始到第一次爆裂開始為止所需要的時間。
⑭ 巴哈咖啡館將排氣溫度（生豆溫度）開始下降的那一點稱為「中間點」。
⑮ 表示烘焙停止的時間。
⑯ 表示烘焙時間。
⑰ 表示排氣溫度。排氣溫度是指排氣管內的溫度。
⑱ 表示生豆溫度。生豆溫度是指鍋爐內的溫度。
⑲ LPG（液化石油氣）或煤氣。0.9kpa 需要 5400kcal/m^3 的火力。
⑳ 記錄烘焙中的注意事項。

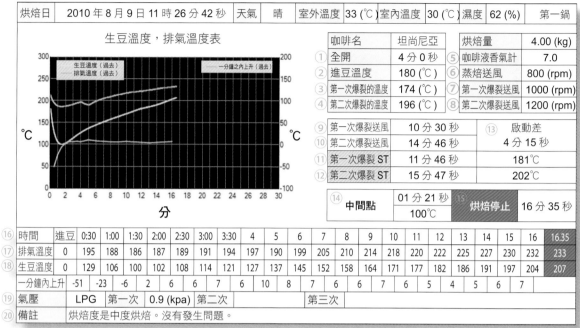

A型巴拿馬．唐帕奇莊園．帝比卡的烘焙過程表

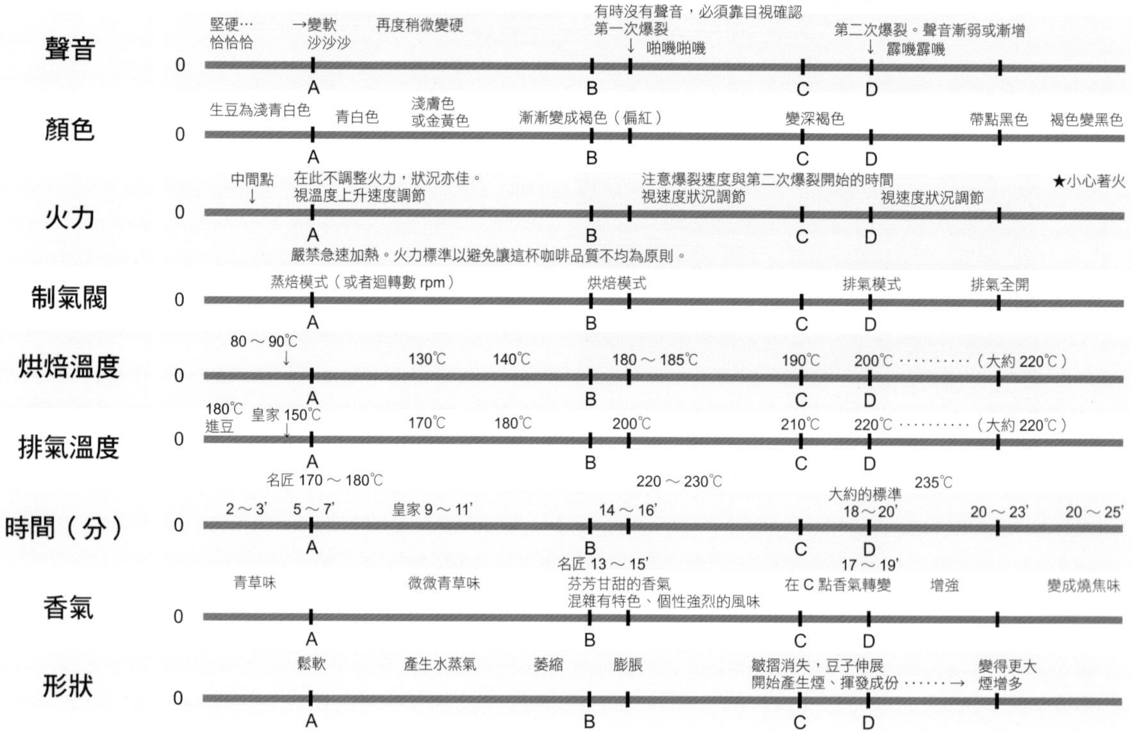

控制排氣。

這裡我們舉A型與D型兩種咖啡為例，分別列出兩者的烘焙過程。前面曾經多次提過，烘焙精品咖啡相當困難，不好對付。不但無法完全歸類為某種類型，而且還有例外。仔細分辨每種咖啡豆的特性並且一一對應，才是最正確的做法。

■以巴拿馬．唐帕奇莊園．帝比卡（A型）為例

烘焙機／名匠烘焙機 5 公斤（半熱風式）

烘焙量／4 公斤

生豆含水率／12.6%

1 預熱。也就是運轉暖氣，讓生豆溫度到達200℃，排氣溫度到達250℃左右。制氣閥調整至「脫水」模式（全開的四分之一位置），火力由弱火調至中火加熱16～17分鐘。生豆溫度到達200℃時暫且熄火。等待生豆溫度下降至140℃再重新點火。在這裡補充一點，我以「脫水（原文為蒸焙）」形容排除生豆水份的動作似乎引起部份誤解，或許各位聽到「蒸」會想像成蒸地瓜等情形，以為必須緊閉制氣閥，結果水份因此無法向外排出而真的變成了蒸豆子。我以「脫水」一詞形容的目的只是在說明排除水份這件事，希望各位不要誤會。

A 型海地　　A 型巴拿馬．唐帕奇莊園．帝比卡

※A～D 可參考 106 頁的烘焙過程表。

2 在瓦斯壓力1.3kpa（8370kcal/m^3）的狀態下將鍋爐溫度提高至180℃，放入4公斤生豆。將瓦斯壓力降至0.9kpa（7020kcal/m^3）繼續烘焙。火力維持中火，不過若是使用皇家烘焙機者，建議將火力轉小一格或二分之一格刻度。直到第一次爆裂發生之前，使用小火慢慢加熱比較妥當。

瓦斯壓力可根據生豆類型與份量調整。如果生豆份量4公斤等於氣壓0.9kpa，則每減少1公斤就必須減少0.1kpa。也就是3公斤是0.8kpa、2公斤是0.7kpa，5公斤則是1.0kpa。LPG（液化石油氣）則是0.9kpa等於5400kcal/m^3（噴嘴口徑預設值0.6mm）。

3 基本上，皇家烘焙機一開始的設定是小火。突然使用中火或大火的話，容易留下芯或造成煙燻的危險。接著將生豆放入鍋爐中之後，溫度會逐漸下降到某一點，然後再度上升。生豆溫度（也可稱之為排氣溫度）所下降到的最低點，我稱之為「中間點」。

「中間點是第幾分鐘、攝氏幾度？」

巴哈集團的烘焙工廠中有老手這麼問。「中間點」這個詞彙最近逐漸廣為一般人使用，發明這個名稱的我也很有面子。簡單來說，只要把它當作是重現味道的指標即可。

巴拿馬咖啡豆的中間點是1分38秒，生豆溫度是84℃。同樣的生豆應該也會有同樣的中間點，因此只要溫度降至84℃以下，或許表示外部氣溫偏低，必須提升火力（0.9kpa提升至1.0kpa或1.1kpa）；如果中間點過高，則烘焙時必須降低火力，藉此調整。

D型豆（瓜地馬拉薇薇特南果產區儲備咖啡）的中間點是1分23秒、81℃。不同類型的豆子有不同的中間點。季節和批次多寡也會造成影響。因此烘焙時必須調整火力或烘焙時間長短來因應這些變化。

假設使用名匠烘焙機，中間點大約在1分30秒左右。不管是10公斤機種或5公斤機種都一樣。皇家烘焙機的中間點大約在2～3分鐘之間。這段期間制氣閥必須設定在脫水模式。名匠烘焙機有「蒸焙送風」功能，每分鐘的轉速大約是八百轉。此轉速在第一次爆裂時會提升到一千轉，在第二次爆裂時則是一千兩百轉。

4 進豆後的第4～5分鐘。皇家烘焙機的制氣閥全開（名匠則是調至每分鐘二千轉），一口氣排出雜質。大約持續1分鐘。接著再度回到脫水模式。這裡在簡單複習一遍，為什麼需要脫水模式？簡單來說是為了調整「比熱差」。

烘焙失敗為什麼會發生？最大的原因之一就是每顆

名匠烘焙機 5kg（半熱風式）．烘焙記錄表

A型 巴拿馬．唐帕奇莊園．帝比卡／0.9kpa

烘焙日	2011年2月16日01時03分37秒	天氣		室外溫度	0 (℃)	室內溫度	0 (℃)	濕度	0 (%)	第 4 鍋

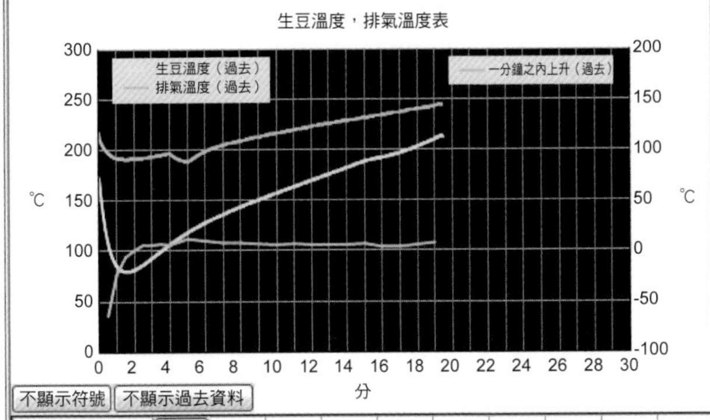

咖啡名	bra-n	烘焙量	4.00 (kg)
全開	4 分 0 秒	咖啡液香氣計	7
進豆溫度	180 (℃)	蒸焙送風	800 (rpm)
第一次爆裂的溫度	180 (℃)	第一次爆裂送風	1000 (rpm)
第二次爆裂的溫度	200 (℃)	第二次爆裂送風	1200 (rpm)

第一次爆裂送風	13 分 59 秒	啟動差 4 分 6 秒
第二次爆裂送風	18 分 06 秒	
第一次爆裂 ST	19 分 10 秒	205℃
第二次爆裂 ST	19 分 11 秒	205℃

中間點	01 分 21 秒 80℃	烘焙停止	20 分 48 秒

時間	進豆	0:30	1:00	1:30	2:00	2:30	3:00	3:30	4	5	6	7	8	9	10	11	12
排氣溫度	208	193	187	184	184	184	186	187	189	183	192	198	202	205	208	212	215
生豆溫度	163	103	84	80	84	90	97	103	110	121	130	138	145	151	157	163	169
1 分鐘內上升	-60	-19	-4	4	6	7	6	7	11	9	8	7	6	6	6	6	5

時間	13	14	15	16	17	18	19	20	20:48
排氣溫度	218	221	223	225	228	230	229	231	218
生豆溫度	174	180	186	191	195	199	204	210	206
1 分鐘內上升	6	6	5	4	4	5	6		

氣壓	LPG	第一次	0.90 (kpa)	第二次		第三次	
備註	A 型豆，火力偏弱。						

A型 巴拿馬．唐帕奇莊園．帝比卡／1.1kpa

烘焙日	2011年2月16日00時34分04秒	天氣		室外溫度	0 (℃)	室內溫度	0 (℃)	濕度	0 (%)	第 3 鍋

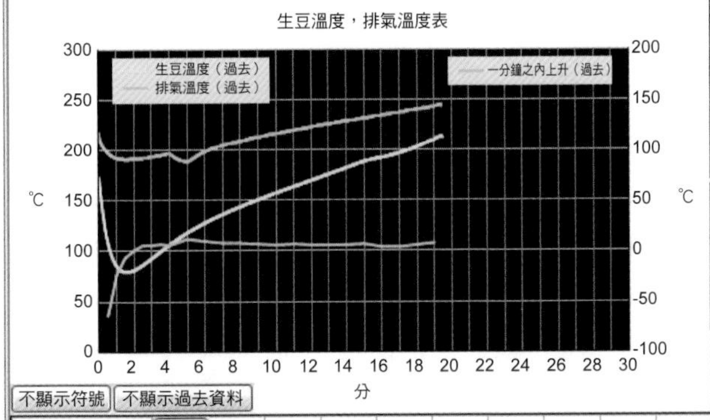

咖啡名	bra-n	烘焙量	4.00 (kg)
全開	4 分 0 秒	咖啡液香氣計	7
進豆溫度	180 (℃)	蒸焙送風	800 (rpm)
第一次爆裂的溫度	180 (℃)	第一次爆裂送風	1000 (rpm)
第二次爆裂的溫度	200 (℃)	第二次爆裂送風	1200 (rpm)

第一次爆裂送風	12 分 50 秒	啟動差 3 分 31 秒
第二次爆裂送風	16 分 22 秒	
第一次爆裂 ST	17 分 06 秒	204℃
第二次爆裂 ST	17 分 07 秒	204℃

中間點	01 分 10 秒 80℃	烘焙停止	16 分 46 秒

時間	進豆	0:30	1:00	1:30	2:00	2:30	3:00	3:30	4	5	6	7	8	9	10	11	12
排氣溫度	212	199	193	191	191	192	193	195	197	191	201	207	211	215	218	222	226
生豆溫度	159	101	83	80	83	90	97	104	110	122	132	140	148	155	162	168	174
1 分鐘內上升	-58	-18	-3	3	7	7	7	6	12	10	8	8	7	7	6	6	7

時間	13	14	15	16	17	18	18:46
排氣溫度	230	232	235	237	239	241	231
生豆溫度	181	187	193	198	204	210	208
1 分鐘內上升	6	6	5	6	6		

氣壓	LPG	第一次	1.10 (kpa)	第二次		第三次	
備註	A 型豆，火力偏強。						

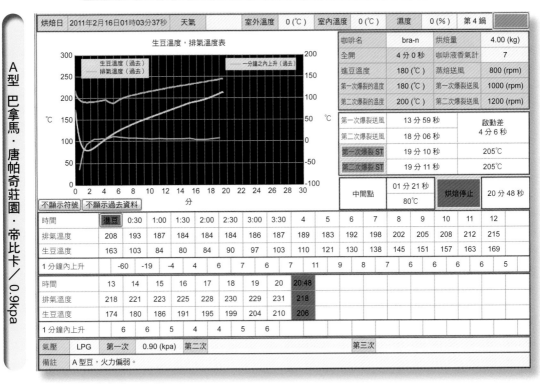

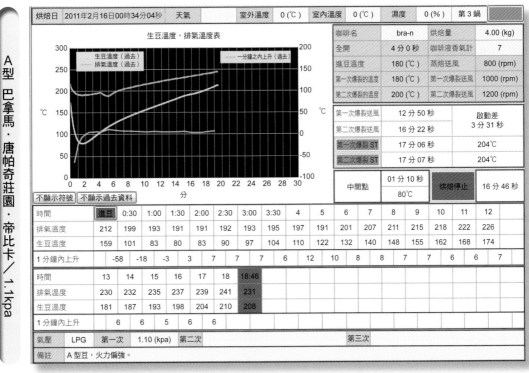

咖啡豆存在著比熱差的關係。何謂「比熱」？解釋起來有些複雜，比熱就是「讓質量1公克的物質上升攝氏1度所需的熱量」。有著不同含水量及顆粒大小的豆子，即使以相同熱量加熱，也會因為比熱差的關係而出現不同烘焙程度的成品或失敗品。因此若要避免烘焙失敗，最好先讓生豆的步調一致，而這種讓步調一致的方法就是「脫水」。

5 經過6～7分鐘，生豆會變得鬆軟，顏色呈現深膚色。繼續蒸焙就會出現青草味。當青草味變成芳香氣味時，就是蒸焙即將結束的證明。

這段時期，生豆表面的皺摺變多且稍微緊縮，整體感覺縮小了。外表由淺褐色變成堅硬的黑色，體積因為水分排除而縮小。生豆溫度在170℃左右。中央線變成醒目的白色且稍微綻開。此時大約是第一次爆裂前的14～15分鐘。

6 到了第16分鐘，開始進入第一次爆裂。生豆會發出「啪嘰啪嘰」的聲音，同時伴隨著芳香的甜香味。豆子表面還有皺摺，顏色感覺像是黑色摻雜焦褐色。豆子膨脹後，表面積增加，相對來說顏色看起來有些變淺了。精品咖啡特有的各種香氣撲鼻而來。如果是藝妓、衣索比亞、曼特寧咖啡，在這個階段應該已經釋放出相當強烈的香味。制氣閥的開啟程度（皇家烘焙機是刻度5）保持在二分之一。皺摺瞬間拉平。

接著要談談制氣閥的開關程度。以我所經營的巴哈咖啡館來說，使用皇家烘焙機時，制氣閥的刻度是「蒸焙制氣閥3」、「烘焙制氣閥5」、「排氣制氣閥7」。但是排煙管（煙囪）的安裝方式也會影響制氣閥的使用。在某些情況下，制氣閥如果沒有調整到刻度5以上無法進行蒸焙。再加上因為排氣能力較差的關係，烘焙制氣閥的位置會與蒸焙制氣閥重疊（只有名匠烘焙機才會出現此現象）。

精品咖啡因為豆質扎實的關係，烘焙時會形成許多煙霧。為了烘焙出目標香氣而提高火力的話，煙霧會愈來愈大。但是排氣能力卻無法呼應需求，造成令人頭痛的惡性循環。因此，使用排氣能力較差的烘焙機時，最重要的是避免烘焙過度。

繼續回到烘焙的話題，第一次爆裂大約持續2分鐘。即將進入第二次爆裂之前，調整排氣制氣閥（排風送風調至每分鐘一千兩百轉）排出揮發成份與煙霧。這時候制氣閥可全開。

7 第19分鐘後，終於開始第二次爆裂，產生大量的煙霧與揮發物質，因此必須將制氣閥全開。如果使用的是皇家烘焙機，你會聽見較清楚的「霹嘰霹嘰」聲，使用名匠烘焙機的話無法清楚聽見聲音。豆子的確正在爆裂，但是聽不見類似商業咖啡般的巨大

皇家烘焙機 5kg・烘焙記錄表

A型 巴拿馬・唐帕奇莊園・帝比卡／0.8kpa

烘焙目的									使用目的				
咖啡名稱		巴拿馬・唐帕奇莊園・帝比卡				烘焙量	4.0kg		類型	A＋−		HP	○
烘焙程度		5.5 °		＋ −	. °		天氣	◎ ○ △ ◆		室外溫度		室內溫度	
使用的烘焙機		IM-2.5		M-5		R-5	■						
M-5 □		POINT	1		2		3		中間點 T 時間 R 烘焙 E 排氣 F 要素		T 2'28"	R 89	E 159
R-5 ■	清掃切換確認□		4		5		6				T	R	E
IM-2.5 □		F1											
烘焙溫度	H 180	1 111	2 90	3 92	4 100	5 109	6 118	7 126	8 132	9 138	10 144	11 150	12 156
	13 161	14 166	15 172	16 178	17 184	18 188	19 192	20 196	21 202	22 207	23	24	25
	26	27	28	29	30	31	32	33	34	35			
第一次爆裂	ST 16'00"	R 178	E 212	ET	R	E	第二次爆裂	ST 21'00"	R 202	E 231	ET	R	E
排氣溫度	H 196	1 168	2 160	3 160	4 163	5 167	6 170	7 175	8 180	9 184	10 188	11 192	12 196
	13 200	14 203	15 207	16 212	17 217	18 220	19 223	20 227	21 231	22 233	23	24	25
	26	27	28	29	30	31	32	33	34	35			
火力	H	T	＋ −	°	T	＋ −	°	T	＋ −	°	T	＋ −	°
預設值	0.8kpa		F2								T	＋ −	°
D 制氣閥■		T 4'00"	開	10/10	T 5'00"	關	3/10	T 16'00"	開	5/10	T 20'20"	關	7/10
I 電壓轉換器□		預設值			T	↑↓	°	T	↑↓	°	T	↑↓	°
M 咖啡液香氣計□		T	°	T	°	T	°	F3					
結束	T 22'10"	R 207	E 233	self admire			F4						

A型 巴拿馬・唐帕奇莊園・帝比卡／1.0kpa

烘焙目的									使用目的				
咖啡名稱		巴拿馬・唐帕奇莊園・帝比卡				烘焙量	4.0kg		類型	A＋−		HP	○
烘焙程度		5.5 °		＋ −	. °		天氣	◎ ○ △ ◆		室外溫度		室內溫度	
使用的烘焙機		IM-2.5		M-5		R-5	■						
M-5 □		POINT	1		2		3		中間點 T 時間 R 烘焙 E 排氣 F 要素		T 2'15"	R 95	E 169
R-5 ■	清掃切換確認□		4		5		6				T	R	E
IM-2.5 □		F1											
烘焙溫度	H 180	1 106	2 95	3 100	4 109	5 119	6 129	7 137	8 144	9 151	10 158	11 165	12 170
	13 178	14 184	15 190	16 195	17 201	18 207	19	20	21	22	23	24	25
	26	27	28	29	30	31	32	33	34	35			
第一次爆裂	ST 13'30"	R 180	E 220	ET	R	E	第二次爆裂	ST 17'15"	R 202	E 238	ET	R	E
排氣溫度	H 196	1 172	2 169	3 172	4 176	5 182	6 187	7 192	8 196	9 201	10 205	11 210	12 213
	13 217	14 224	15 229	16 234	17 238	18 240	19	20	21	22	23	24	25
	26	27	28	29	30	31	32	33	34	35			
火力	H	T	＋ −	°	T	＋ −	°	T	＋ −	°	T	＋ −	°
預設值	1.0kpa		F2								T	＋ −	°
D 制氣閥■		T 4'00"	開	10/10	T 5'00"	關	3/10	T 13'30"	開	5/10	T 16'40"	關	7/10
I 電壓轉換器□		預設值			T	↑↓	°	T	↑↓	°	T	↑↓	°
M 咖啡液香氣計□		T	°	T	°	T	°	F3					
結束	T 18'10"	R 207	E 240	self admire			F4						

0.8kpa 的味道較均衡，1.0kpa 的味道較厚實。

聲響。感覺只是所有咖啡豆一起低調爆裂，沒辦法聽見聲響。不過用烘焙機上的取樣匙確認豆子膨脹程度會發現每顆豆子都膨脹得很漂亮。

第二階段發生第二次爆裂。這階段分為前半部與後半部，初期與高峰期的味道有明顯差異。味道並非徐徐改變，而是在某個時間點驟變。味道變化高潮迭起，猶如階梯一般。而若是使用巴拿馬唐帕奇莊園的帝比卡咖啡豆，進入第二次爆裂後，苦味會增強。

第一次爆裂的聲音激烈，因此能夠清楚確認，不過要找到第一次爆裂結束的時間與進入第二次爆裂的時間相當困難。因此第一次爆裂差不多結束時，必須以取樣匙頻頻確認咖啡豆顏色。聽不出來的聲音就用顏色遞補。

商業咖啡的話，因為豆子品質不一，因此烘焙的最佳時間帶範圍較廣，始終維持在某個平均的味道，但是精品咖啡因為品質均勻的關係，最佳時間帶相對較窄。透熱性雖然優異，但是一不留神的話，味道與香氣就會改變，簡直就像是棒球裡的蝴蝶球（注：指每秒鐘只旋轉一次的球。球路飄忽，難以捉摸）一樣能夠急速轉彎或落下。

商業咖啡的烘焙自然比較簡單。而且令人意外的是，C、D型豆比A、B型豆容易烘焙。或許是味道與香氣總量較多的關係，烘焙的最佳時間帶也比較寬。而精品咖啡豆表的「光澤」出現方式也許商業咖啡不同。咖啡豆變黑、充滿光澤與油脂的變化過程比商業咖啡更容易觀察出來。由帶黑的焦褐色變成黑褐色的階段也相當明顯。

8 第21分鐘之後，在第二次爆裂途中停止烘焙。此時距離義式烘焙程度還有2～3分鐘。皇家烘焙機的話，可打開冷卻槽的攪拌開關，讓豆子落進冷卻槽內，以切換制氣閥進行「冷卻」。使用名匠烘焙機的話，則是關閉瓦斯開關。

◆烘焙重點

烘焙停止的時間點不同也會嚴重影響到咖啡的味道變化，因此烘焙技術拙劣，就無法烘焙出想要的味道。咖啡豆的「顏色」、「膨脹程度」、「皺摺」狀態基本上與商業咖啡一樣，不過因為品質一致的關係，味道就有明顯差異。另外，有些咖啡豆即使留下皺摺，後味仍然清爽、零缺點，例外情況並不少見。

原則上是火力要強、烘焙時間要短。以炒青菜的火候來比喻的話，就是大火快炒。這樣才能夠鎖住顏色和香氣。精品咖啡之中少有不成熟的豆子，品質均一，對於烘焙者而言是相當有利的條件，希望各位好好把握。

■瓜地馬拉・薇薇特南果產區・儲備咖啡（D型）

烘焙機／名匠5公斤

烘焙量／4公斤

生豆含水率／11.6％

1 啟動熱風預熱。與烘焙A型豆時相同，將生豆溫度提高至200℃、排氣溫度至250℃左右。制氣閥選擇脫水模式（全開的四分之一），從小火轉到中火烘焙16～17分鐘。生豆溫度到達200℃時，暫時關火。等到生豆溫度降至140℃時，再度開火。

2 鍋爐溫度到達180℃時放入生豆。接下來確認生豆溫度（排氣溫度）是否降到中間點，藉此決定所須的火力大小及烘焙時間等。生豆的中間點是1分23秒，生豆溫度81℃。A型的巴拿馬咖啡豆則是1分38秒與84℃，因此可推測使用同樣火力的話，烘焙速度太慢。因為D型豆比A、B型豆更堅硬，且含水量較多。

此時可確定須使用大火。0.9kpa的瓦斯壓力提高至0.95kpa（7200kcal/m^3）或1.0kpa（7380kcal/m^3），就能夠提早完成烘焙。

3 4分鐘後，將皇家烘焙機的制氣閥全開（名匠烘焙機則是設定為每分鐘二千轉），吹飛雜質。1分鐘過後，再度回到脫水模式。這段期間，生豆顏色由深綠色變成膚色，最後逐漸變成焦褐色。在即將進入第一次爆裂之前會開始出現黑色皺摺，中央線的白色部份逐漸醒目。水份排除後，生豆體積暫時緊縮，感覺上小了一圈。到了第14分鐘左右，將制氣閥打開一半，進入烘焙模式。

4 15分鐘後開始第一次爆裂。可聽見生豆爆開的「啪嘰啪嘰」一聲。生豆雖然膨脹了，皺摺仍然存在。皺摺雖然尚未完全伸展開，不過已無青草味，而出現甜香的氣味。生豆顏色變成淺褐色，進而變成褐色，漸漸加深。黑色皺摺也展開。

若是使用名匠烘焙機，黑色皺摺消失的時間點比使用皇家烘焙機更早。在即將進入第二次爆裂之前進入排氣模式（制氣閥打開三分之二～全開）的話，皺摺會逐漸張開。若是使用皇家烘焙機，皺摺仍然沒辦法完全展開。建議採用較深的烘焙度（多烘焙5～10秒）。雖然味道會有些苦，不過如果豆子本身具有豐富的酸味，就能夠掩飾這個小缺點。

5 過了19.5分鐘時，開始第二次爆裂。過程與商業咖啡相同，硬豆會發出「霹嘰霹嘰」的冷硬聲音。溫度逐漸上升後，煙霧和揮發成份也跟著變多，這段時期的火力控制相當困難。該如何妥善處理煙霧與揮發成份是肯亞咖啡與坦尚尼亞咖啡共同的問題。

此時，火力減弱容易產生芯；火力太強容易產生大

D型瓜地馬拉・薇薇特南果產區・儲備咖啡的烘焙過程表

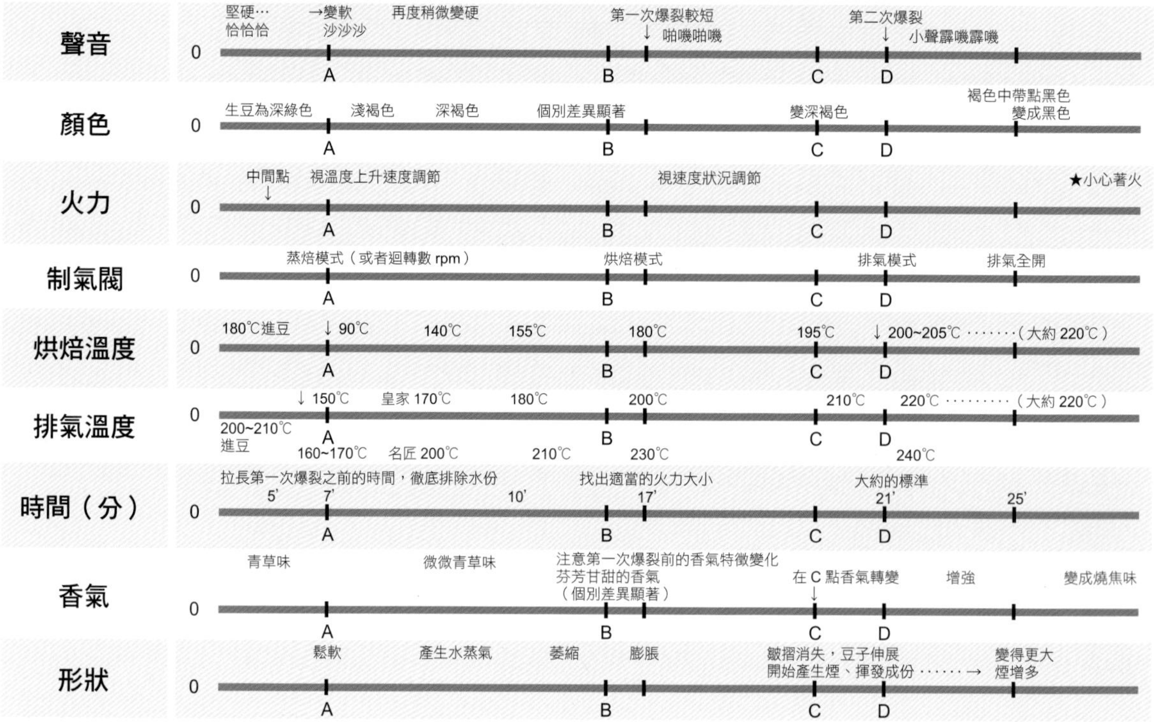

量煙霧和揮發物質。在這種進退兩難的情況下烘焙，唯一的方法就是盡量取得平衡。這裡又出現一個問題，就是排氣能力是否足以應付需求。

烘焙C、D型豆時，與其在第一次爆裂之後、第二次爆裂之後一直線的提升溫度，不如選擇慢慢烘焙，比較能夠調整味道。即將進入第一次爆裂時打開制氣閥，即將進入第二次爆裂時也打開制氣閥。但是，前面也曾經提過，A、B型豆的烘焙溫度如果緩慢上升的話，很有可能會失去味道與香氣，變成平板單調的咖啡。與前面提過的炒青菜必須大火快炒是同樣的道理，最好的做法就是大火與快速。

6 第21分鐘後，制氣閥全開，一口氣排出煙霧與揮發成份。接著快速冷卻烘焙完成的咖啡豆。

◆烘焙重點

此類型的咖啡豆外觀看來短胖、堅硬。實際上也是相當堅硬，且具有強烈酸味，口感厚實，但是與商業咖啡的瓜地馬拉SHB或肯亞等相比，或許是因為品質均一，烘焙後沒有想像中堅硬，甚至很柔軟。因此「基本烘焙」採用中度~中深度烘焙，也能夠簡單引出咖啡豆的特性。

水份依然必須徹底排除，不過時間上的許可範圍較寬，只要維持在適當火力就幾乎不會發生問題。烘

D 型肯亞 AA	D 型瓜地馬拉・薇薇特南果產區・儲備咖啡

※A ～ D 可參考 114 頁的烘焙過程表

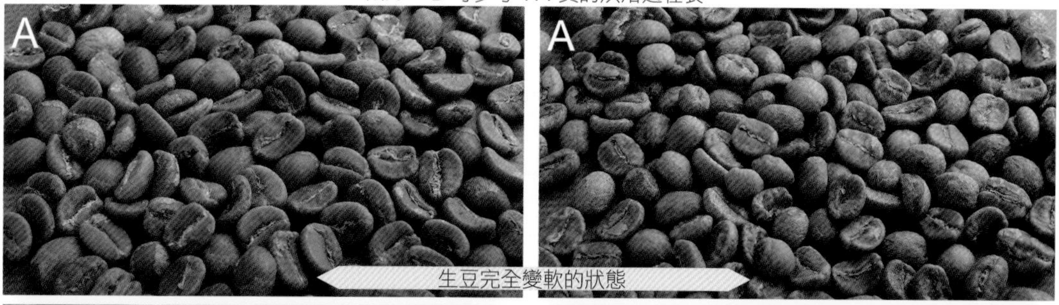

生豆完全變軟的狀態

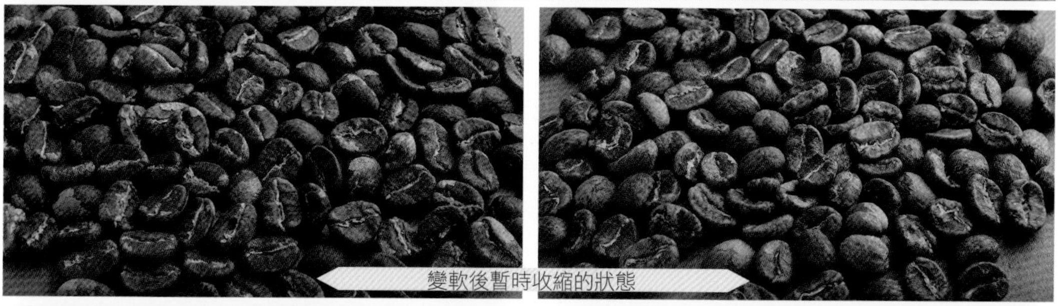

變軟後暫時收縮的狀態

即將進入第一次爆裂的狀態

第一次爆裂結束後的狀態

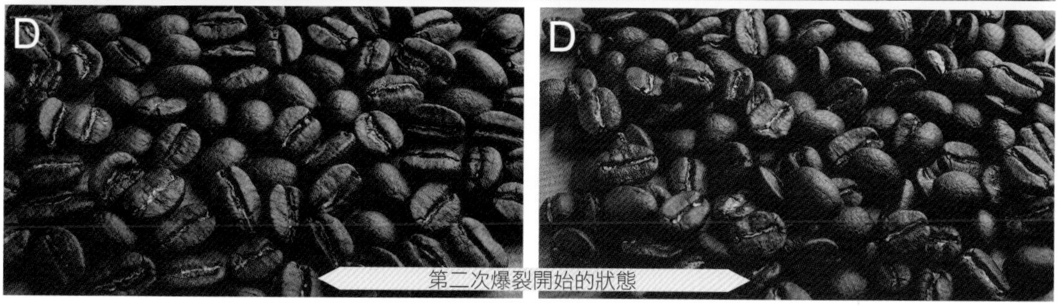

第二次爆裂開始的狀態

焙度可能有些變動，仍然能夠喝出該咖啡的特性與味道，也就是說，從某些角度上，這種咖啡烘焙容易，即使技術不夠精純，仍然能夠創造出屬於這種咖啡豆的味道。與商業咖啡相反，反而是A、B型豆比較難烘焙。

不曉得是不是因為這樣，C、D型豆，也就是肯亞、瓜地馬拉、坦尚尼亞等熟面孔，只要品質優良，人氣往往很高。烘焙技術愈是拙劣的人愈喜歡選擇C、D型豆，一般人亦傾向於把它們當成賣點。將這些特性極強的豆子聚在一起，並選擇最能夠發揮它們特性的中度烘焙，企圖讓顧客臣服於它的特性與香氣。

我向來不愛這類「高調炫耀的特性」。無論是巴拿馬藝妓咖啡，或是衣索比亞耶加雪菲咖啡，有時特性也會過於強烈。特性之中還分成高雅與低俗，我個人較偏好追求低調高雅。

瓜地馬拉的最佳烘焙度設定為中度烘焙，肯亞則是深度烘焙，都是「為了讓客人容易瞭解接受」。採用中度烘焙的話，能夠利用豐富香氣展現其特性的亮點。

如果菜單中全部只有相同類型的咖啡豆，儘管每種咖啡都獨具特色，但是因為整體表現一致，只會埋沒這些咖啡的優點。

構思咖啡菜單時必須考慮到整體平衡。與其像美國紐約的摩天大樓一樣人人都向上競高，不如選擇東京晴空塔一樣鶴立雞群的構圖，比較有趣，也比較簡單明瞭。

經營咖啡店四十年，我深深體認到提供簡單明瞭味道的重要性。善用「減法」就能夠製造出簡單明瞭的味道。有時雖然必須刪減咖啡豆的特性，但做生意就是要這樣才能順利進行。C、D型豆的特性就像即可拍相機，ISO值甚至可達1600，是超高感光度的咖啡豆。因此即使技術不太好，仍然能夠勉強對焦。

這裡也稍微談談B型、C型豆。首先是C型豆。巴拿馬翡翠莊園的藝妓咖啡也屬於此類型，但是基本上C型豆的特徵是顆粒大、透熱性不佳。C型豆比D型豆缺乏特色。哥倫比亞、印度、馬拉威……唯一的例外大概只有藝妓咖啡了。不同之處在於C型豆的烘焙程度比D型豆淺，香氣和酸味也不同。

但是要淺度烘焙又要能夠嶄露特性實在困難。烘焙程度太淺，咖啡會變澀，太深則反而無法展現特性。另外，哥倫比亞等咖啡必須注意的是超過中深度烘焙的某個點時，酸味與苦味會改變，變成不好喝的苦味，也就是容易產生乙烯兒茶酚聚合物。

C型豆之中有些豆子接近D型，A型豆之中也有些接近B型。每種豆子情況不同。相對來說，藝妓咖啡等只要烘焙度正確的話，任何人都能夠烘焙。只要

名匠烘焙機 5kg（半熱風式）・烘焙記錄表

D型 瓜地馬拉・薇薇特南果產區・儲備咖啡／0.9kpa

烘焙日	2011年2月16日00時01分10秒	天氣		室外溫度	0 (℃)	室內溫度	0 (℃)	濕度	0 (%)	第 0 鍋

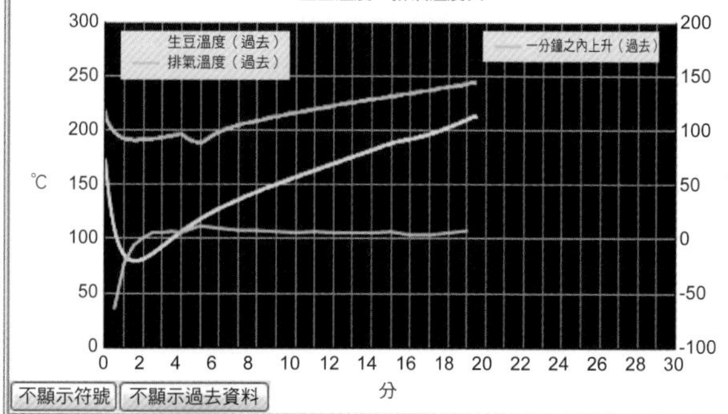

不顯示符號　不顯示過去資料

咖啡名	pana-eri	烘焙量	4.00 (kg)
全開	4 分 0 秒	咖啡液香氣計	7
進豆溫度	180 (℃)	蒸焙送風	800 (rpm)
第一次爆裂的溫度	180 (℃)	第一次爆裂送風	1000 (rpm)
第二次爆裂的溫度	200 (℃)	第二次爆裂送風	1200 (rpm)

第一次爆裂送風	15 分 35 秒	啟動差 4 分 45 秒
第二次爆裂送風	20 分 21 秒	
第一次爆裂 ST	17 分 37 秒	190℃
第二次爆裂 ST		

中間點	01 分 30 秒 / 79℃	烘焙停止	22 分 48 秒

時間	進豆	0:30	1:00	1:30	2:00	2:30	3:00	3:30	4	5	6	7	8	9	10	11	12	
排氣溫度	208	192	185	183	183	183	184	185	187	179	188	194	198	202	205	207	211	
生豆溫度	164	106	85	79	81	86	92	98	104	114	123	131	138	144	150	156	161	
1 分鐘內上升		-58	-21	-6	2	5	6	6	6	10	9	8	7	6	6	6	5	5

時間	13	14	15	16	17	18	19	20	21	22	22:48
排氣溫度	213	216	219	221	223	224	227	230	231	232	226
生豆溫度	166	171	176	182	187	191	194	198	203	209	207
1 分鐘內上升		5	5	6	5	4	3	4	5	6	

氣壓	LPG	第一次	0.90 (kpa)	第二次		第三次	
備註	D 型豆，火力偏弱。						

D型 瓜地馬拉・薇薇特南果產區・儲備咖啡／1.1kpa

烘焙日	2011年2月15日23時32分32秒	天氣		室外溫度	0 (℃)	室內溫度	0 (℃)	濕度	0 (%)	第 2 鍋

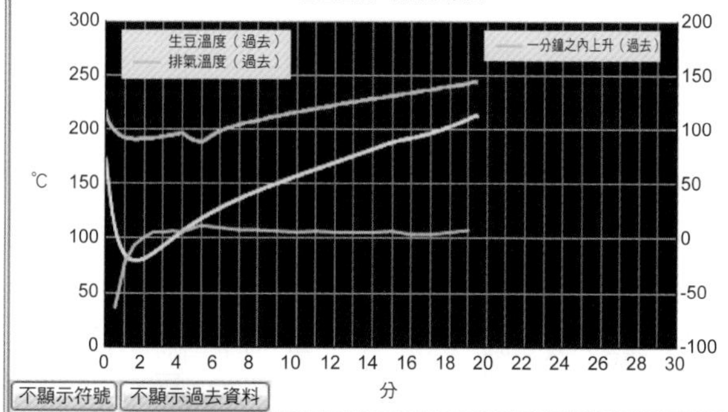

不顯示符號　不顯示過去資料

咖啡名	pana-eri	烘焙量	4.00 (kg)
全開	4 分 0 秒	咖啡液香氣計	7
進豆溫度	180 (℃)	蒸焙送風	800 (rpm)
第一次爆裂的溫度	180 (℃)	第一次爆裂送風	1000 (rpm)
第二次爆裂的溫度	200 (℃)	第二次爆裂送風	1200 (rpm)

第一次爆裂送風	13 分 32 秒	啟動差 3 分 52 秒
第二次爆裂送風	17 分 25 秒	
第一次爆裂 ST	14 分 54 秒	188℃
第二次爆裂 ST	18 分 12 秒	205℃

中間點	01 分 21 秒 / 80℃	烘焙停止	19 分 39 秒

時間	進豆	0:30	1:00	1:30	2:00	2:30	3:00	3:30	4	5	6	7	8	9	10	11	12	
排氣溫度	218	198	193	191	192	192	194	195	197	189	199	205	209	213	217	220	223	
生豆溫度	173	109	86	80	81	87	93	100	106	118	128	136	144	151	157	164	170	
1 分鐘內上升		-64	-23	-6	1	6	6	7	6	12	10	8	8	7	6	7	6	6

時間	13	14	15	16	17	18	19	19:39
排氣溫度	226	229	232	235	238	240	243	229
生豆溫度	176	182	189	193	197	203	211	204
1 分鐘內上升		6	7	4	4	6	8	

氣壓	LPG	第一次	1.10 (kpa)	第二次		第三次	
備註	D 型豆，火力偏強。						

氣壓改變了 0.2kpa。D 型豆在 0.9kpa 下味道均衡，醇厚度與甘甜度明顯，在 1.1kpa 下則能夠強調豐富的酸味與後味。

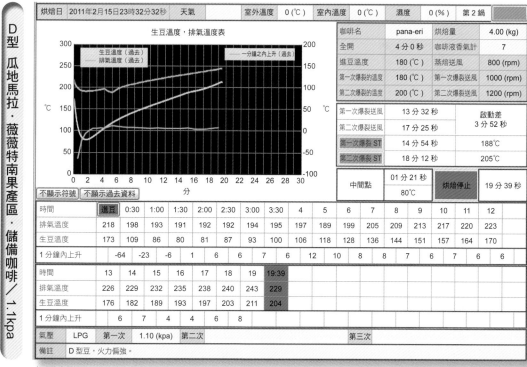

採用淺度烘焙強調香氣即可。但是其他如：印度、馬拉威或哥倫比亞等如果也採用同樣方式，就會變成難以入口。

至於B型豆又是如何呢？B型豆比C型豆更多例外，包含了瓜地馬拉的帕卡馬拉、蘇門答臘濕剝式精製法的曼特寧等。半水洗式、蘇門答臘濕剝式等精製法也是影響烘焙的要素之一，必須充份確認。

採用的精製法不同，生豆的顏色會不同，而烘焙過程中出現的顏色也會不同。另外，半水洗豆比起水洗豆的酸味略少。此種精製法無法處理大量豆子，正好適合小批次的精品咖啡。

去除果肉的方式以及內果皮留下的方式都會影響味道的均勻與否。半水洗式精製法最近才出現，因此味道稍有不均，製作出的咖啡味道也往往不如預期，而且每年採收的咖啡豆狀況好壞不一定也會造成影響。不過半水洗式精製法能夠緩和尖銳酸味，再加上蜂蜜般的甜味，是難能可貴的魅力。此實驗性質的精製法囊括了水洗式與乾燥式精製法的優點，因此具備眾多優勢。

◆事關烘焙者的常識

接下來簡單歸納幾項能夠成功烘焙精品咖啡的重點：

①首先要做到前作《咖啡大全》所介紹的商業咖啡基本烘焙技術。

②咖啡豆分類的基礎與商業咖啡大同小異。不過座標軸上還必須加上新要素「特性」，因此事先記住這點很重要。

③許多咖啡豆無法簡單分類，往往必須個別對應。最好先找出每個咖啡豆的特性，並儘快找到適當的停止烘焙時機。

④含水量、密度差異不大。

⑤巧妙組合每種咖啡豆的烘焙度能夠善用特性，創造出簡單明瞭的滋味。

⑥愈軟的豆子表現特性時變動愈大。A、B型豆的烘焙停止時機不易掌握。

⑦精品咖啡能夠省略手選步驟，同時也考驗著烘焙者的技術與知識。

皇家烘焙機 5kg・烘焙記錄表

D型 瓜地馬拉・薇薇特南果產區・儲備咖啡／0.8kpa

烘焙目的										使用目的			
咖啡名稱		瓜地馬拉・薇薇特南果產區・儲備咖啡				烘焙量		4.0kg		類型	A +－		HP ○
烘焙程度		5.5 °		+－		. °		天氣	◎ ○ △ ◆		室外溫度		室內溫度
使用的烘焙機		IM-2.5		M-5		R-5		■					
M-5 □		POINT	1		2		3		中間點 T時間 R烘焙 E排氣 F要素		T 2'18"	R 95	E 166
R-5 ■	清掃切換確認□		4		5		6				T	R	E
IM-2.5 □		F1											
烘焙溫度	H 180	1 111	2 95	3 98	4 105	5 114	6 123	7 130	8 136	9 142	10 148	11 153	12 158
	13 163	14 168	15 173	16 178	17 184	18 188	19 191	20 195	21 199	22 205	23	24	25
	26	27	28	29	30	31	32	33	34	35			
第一次爆裂	ST 17'00"	R 185	E 218	ET	R	E	第二次爆裂	ST 21'30"	R 202	E 231	ET	R	E
排氣溫度	H 195	1 172	2 166	3 168	4 171	5 175	6 179	7 184	8 188	9 191	10 195	11 198	12 201
	13 203	14 206	15 209	16 212	17 217	18 222	19 225	20 227	21 230	22 233	23	24	25
	26	27	28	29	30	31	32	33	34	35			
火力	H	T	+－	°	T	+－	°	T	+－	°	T	+－	°
預設值	0.8kpa		F2								T	+－	°
D 制氣閥■		T 4'00"	開	10/10	T 5'00"	關	3/10	T 16'30"	開	5/10	T 21'00"	關	7/10
I 電壓轉換器□		預設值			T	↑↓	°	T	↑↓	°	T	↑↓	°
M 咖啡液香氣計□		T	°	T	°	T	°	F3					
結束	T 22'40"	R 207	E 235	self admire			F4						

D型 瓜地馬拉・薇薇特南果產區・儲備咖啡／1.0kpa

烘焙目的										使用目的			
咖啡名稱		瓜地馬拉・薇薇特南果產區・儲備咖啡				烘焙量		4.0kg		類型	A +－		HP ○
烘焙程度		5.5 °		+－		. °		天氣	◎ ○ △ ◆		室外溫度		室內溫度
使用的烘焙機		IM-2.5		M-5		R-5		■					
M-5 □		POINT	1		2		3		中間點 T時間 R烘焙 E排氣 F要素		T 2'20"	R 95	E 171
R-5 ■	清掃切換確認□		4		5		6				T	R	E
IM-2.5 □		F1											
烘焙溫度	H 180	1 112	2 95	3 98	4 107	5 117	6 126	7 134	8 142	9 149	10 155	11 162	12 168
	13 173	14 180	15 187	16 191	17 196	18 203	19	20	21	22	23	24	25
	26	27	28	29	30	31	32	33	34	35			
第一次爆裂	ST 14'30"	R 183	E 224	ET	R	E	第二次爆裂	ST 17'45"	R 202	E 240	ET	R	E
排氣溫度	H 198	1 178	2 171	3 173	4 177	5 183	6 189	7 194	8 199	9 203	10 207	11 210	12 213
	13 216	14 220	15 228	16 233	17 238	18 242	19	20	21	22	23	24	25
	26	27	28	29	30	31	32	33	34	35			
火力	H	T	+－	°	T	+－	°	T	+－	°	T	+－	°
預設值	1.0kpa		F2								T	+－	°
D 制氣閥■		T 4'00"	開	10/10	T 5'00"	關	3/10	T 13'50"	開	5/10	T 17'30"	關	7/10
I 電壓轉換器□		預設值			T	↑↓	°	T	↑↓	°	T	↑↓	°
M 咖啡液香氣計□		T	°	T	°	T	°	F3					
結束	T 18'30"	R 208	E 246	self admire			F4						

0.8kpa 能夠發揮特性，苦味清爽。1.0kpa 的味道較濃郁，酸味明顯。

杯測

◆SCAA杯測法與COE杯測法

杯測（Cup Testing）是客觀評鑑咖啡的方法之一。過去的主流是採用找出咖啡豆「缺點」的消極評鑑方式（稱為巴西式評鑑）。但是精品咖啡原本就是高品質咖啡，因此評鑑的主力轉而擺在找出「優點」而非缺點，改以積極而非消極方式評鑑。

這種評鑑方式分為兩大類，一類是美國精品咖啡協會（SCAA）推廣的杯測規定（訂定評鑑程序的規約），另外一類是卓越杯COE制定的方式。日本精品咖啡協會（SCAJ）是以COE的方式為標準。

SCAA杯測法與COE杯測法究竟有哪裡不同？

SCAA杯測法是以一貨櫃（約250只60公斤裝的麻袋）為單位進行評鑑。此法適用於評鑑相對於精品咖啡來說數量龐大的咖啡豆，用意在區分精品咖啡與商業咖啡。

另一方面，COE杯測法則是選出咖啡之中最頂級（Top of the Top）者，用於仔細評鑑小批次的限量咖啡。

兩種方式各有優缺點，而評鑑形式也仍在持續進化中，稱不上完美。因此與其說明評鑑項目「什麼是香味成份（Fragrance）？」「什麼是口感（Body）？」我希望在此談談自己最真實的感想。

參與國際拍賣會用的咖啡杯測評鑑時，第一步要進行的是「校正」（Calibration）儀式。也就是味覺評鑑標準的「調整」。

就像交響樂團「調音」時由負責吹奏雙簧管者領

頭一樣，為了讓評審對於同樣咖啡保持同樣評價，因此必須事先以訓練用的樣本進行杯測，讓每位評審的舌頭「同調」。

「樣本A是哥倫比亞EX，77分最恰當，高於此分數就太高了。如果有人給予80分以上的分數，請修正。下一個樣本B是哥倫比亞特級拿里諾，81分最恰當，不到80分太低，85分以上則太高。最後的樣本C是……」

主審以這種方式修正不恰當的評價。當然，眾人評鑑的東西是商品，很難客觀純粹。這種做法乍看之下公平，事實上其中存在著微妙的利益得失。正因為如此，影響整體評分高低的主審責任甚是重大。

◆SCAA評分表的內容

以SCAA杯測評分表為例，一般做法是一開始謹慎給分。因為如果沒有喝過同樣產地的全部咖啡，無法瞭解平均味道如何，也無法判斷哪個是有特色的味道、哪個是普通味道。

因此剛開始會先給予中等分數，如果覺得味道普通，分數就是7.25或7.50。如果評審擁有「絕對味覺」則另當別論，不過大致上能夠看出評審給的分數介於7和8之間的心理因素。

看過計分表就能明白，分數是由6分到10分，中間分數是8分。所有項目一共十項，其中的「均勻度」（Uniformity）、「甘甜度」（Sweetness）、「清澈度」（Clean Cup）這三項是模仿葡萄酒的「派克計分法」（Parker Point，簡稱PP），屬於基礎分數，都是給10分，因此必須打分數的部份是剩下的七項。

「派克計分法」是知名葡萄酒評論家羅伯特·派克（Robert M. Parker, Jr）想出的滿分100分評鑑法。入選評鑑的葡萄酒就能獲得50分的基礎分數。也就是說，如果是咖啡的話，產地在哪兒就先拿到分數，該產地生產的優良咖啡豆一開始就能獲得30分的基礎分數。

假設七個項目都打上8分，8×7＋基礎分30＝86分。最近SCAA將80分以上、未滿85分者稱為「精品咖啡」（Specialty Coffee），85分以上、未滿90分稱為「原始精品咖啡」（Origin Specialty Coffee），90分以上稱為「稀有精品咖啡」（Rare Specialty Coffee），因此86分就是擁有「原始」之名的精品咖啡。

如果全部打上7分的話又是如何呢？7×7＋基礎分30分＝79分，連及格分80都不到這可不妙。腦子裡早已被灌輸必須先打到80分以上的觀念，因此評審不會給7分以下的分數。不過全部都給8分以上也需要勇氣。

SCAA 杯測評分表

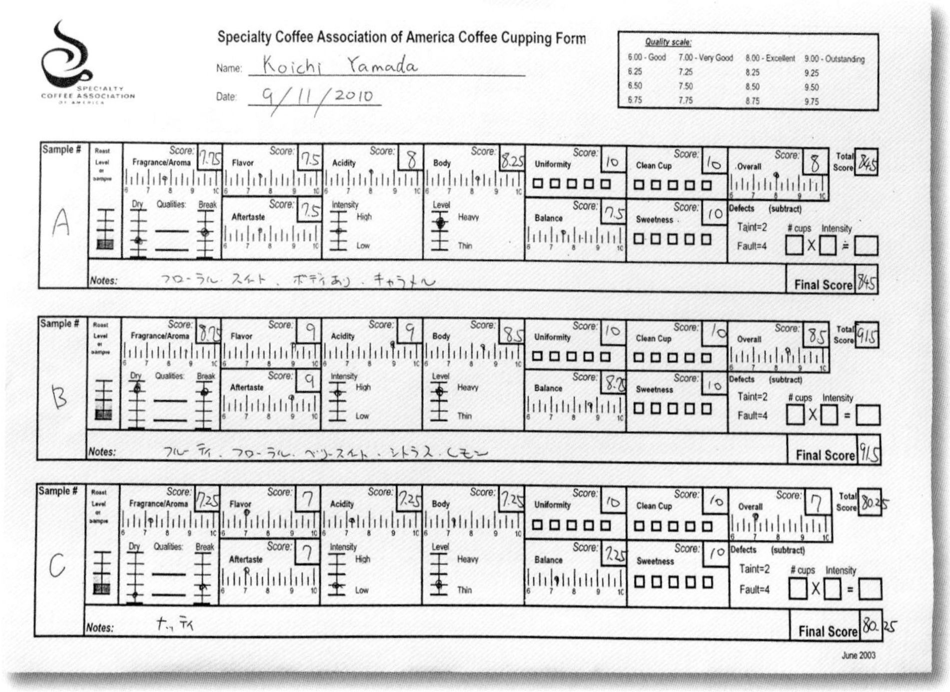

計分表的中間分數設定為8分，大概是SCAA認為精品咖啡的標準分數應該為「8×7+基礎分30＝86」，也就是86分，不管該咖啡的各項目分數是否超越8分，這已經成為一個標準。

前面也提過，一般人認為精品咖啡是品質均一的咖啡，因此打分數全部以7.25或7.5分為主，也就是82～83分左右。像藝妓種這類特殊咖啡豆如果不小心給了過高的評價，總分就會超過90分，因此評分時會在心中進行調整。

SCAA的杯測評分表為什麼不易超過90分？如果得分超過90分，扣除基本分數30分後，將60分除以7個項目的話，每個項目平均得分是8.50分以上。隨便打上8.25、8.50、8.75等分數讓總分超過90分也需要相當的勇氣。老實說，評價如果超過8.50分，評審必須具備一定水準的經驗與自信。

◆以小批次為主的COE杯測法

接著看看COE杯測法（與SCAJ杯測法幾乎相同）。杯測評分表上每個評分項目（八項）印有0-4-6-8的數字。每一項目的滿分是8分，6-8之間則是以0.5分為單位，分為6.5和7.5分。如果出現所有項目都拿到8分的咖啡，計算公式是「8×8+基礎分36＝100分」。基礎分數設定為36，是因為如果總分拿到滿分

SCAJ 杯測評分表

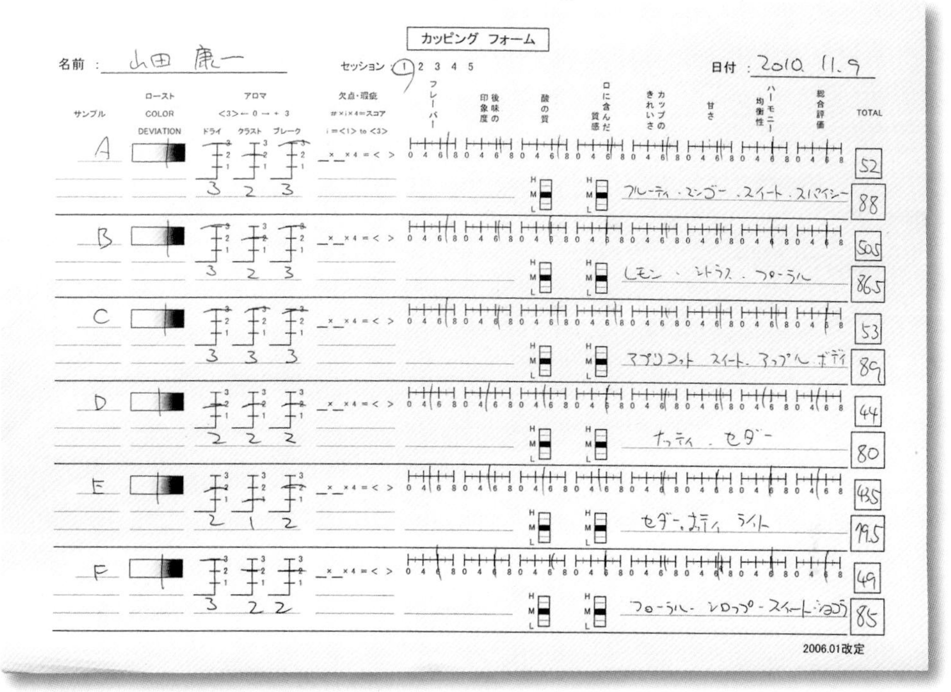

100分，比較方便計算。不過這種加分方式容易讓人懷疑分數灌水。

如果所有項目都拿到6分，6×8＋36＝84分，就會納入好咖啡的範圍；如果都拿7分，7×8＋36＝92，就是很好的咖啡。入選COE的咖啡豆數量都是最多20～50袋（1袋60公斤）左右的小批次。

小批次表示從採收到精製的管理過程相當講究，因此也較容易獲得高評價。CO[1]有許多咖啡得分超過90分以上，也是這個原因。

SCAA主辦的「Q拍賣」（Q Auction）上一種咖啡豆大約是一個貨櫃的量，由多間咖啡園共同參與。但也因為咖啡豆數量多，不容易有詳實的評價，這一點也是與小批次的COE最大的差異。順帶補充一點，或許因為受到景氣影響，Q拍賣目前已經有名無實，持續停辦中。

批次大小為什麼會成為國際拍賣會上的問題呢？因為主辦單位必須把樣品送到位在世界各地的客戶手上。批次大的話負擔小，而批次小的話則成本高。這點對於咖啡園是個重擔，不過繼續說下去就離題了，因此這部份暫且不提。

接下來要談談其他話題。因為杯測味覺評鑑標準的建立而受惠，一躍成名的國家與地區大致上如下所示：

● 衣索比亞——耶加雪菲產區（高地咖啡、顆粒小）
● 瓜地馬拉——薇薇特南果產區（高地咖啡）
● 巴拿馬——波魁特產區，藝妓種（來自衣索比亞的原生種。顆粒大但豆質軟）
● 肯亞——尼耶利產區、基尼雅加（Kirinyaga）產區等（高地咖啡，果肉較薄）
● 印尼——蘇門答臘、曼特寧、爪哇、阿拉比卡等（柔軟）、陳年蘇門答臘（Aged Sumatra，老豆、柔軟）

以上全部採用中度烘焙（到第二次爆裂之前），可展現味道、風味特色。

接下來是現存的咖啡產國之中獲得重新評價（正面評價與負面評價）的國家與產區。

◎巴西

● 獲得正面評價者

半水洗式精製法（PN）
高地咖啡
高床式乾燥法（非洲棚）
品種鎖定（阿克卡亞種、波旁種等）

● 獲得負面評價者

現存的等級〔山多士（Santos）No.2等〕

自古使用的日曬法（乾燥式精製法製作出來的咖啡豆質太軟，精品咖啡應有的酸味比例偏弱）

◎哥倫比亞

● 獲得正面評價者

帝比卡種復活（拿里諾產區＝擁有豐富酸味的高地咖啡、馬格達萊納產區＝柔軟、烏伊拉產區＝柔軟）

● 獲得負面評價者

哥倫比亞種（用於量產的混種咖啡）

上述的共同關鍵字八成就是「柔軟」吧。豆子如果柔軟，採用中度烘焙會產生豐富的味道與香氣。目的是為了在杯測審查會上拿高分。目前各產區仍在持續開發能夠強調地方風味的味道。

◆當作商品時，少不了「苦味」評價

最後要介紹從古至今在日本咖啡市場都擁有高人氣的咖啡後續的發展。

● 藍山（牙買加）→評價不變

● 夏威夷・可那（美國）↓評價不變
● 摩卡・瑪塔利（葉門）↓評價下滑

藍山與夏威夷・可那屬於與精品咖啡不同部門的「高級咖啡」。在檢驗生豆摻雜率的生豆分級上評價很高，在可追溯性與永續發展性方面的表現也不錯。藍山咖啡在「酸度」（Acidity）與「口感」（Body）項目分數雖低，不過「咖啡粉香氣」（Fragrance，或稱乾香氣）與「風味」（Flavor）均衡，因此能夠在SCAA杯測審查獲得80分以上的分數。夏威夷・可那也是如此。

問題在於藍山與夏威夷・可那這類顆粒大、果肉厚的硬豆，如果在第二次爆裂之前結束烘焙，香氣無法完全釋出，也無法發揮天生的好味道。評鑑這類咖啡豆時，應該採用進入第二次爆裂的烘焙度，而非在第二次爆裂之前就停止的中度烘焙。

另外，像摩卡・瑪塔利這類乾燥式精製法的咖啡豆該如何評鑑也是問題。摩卡・瑪塔利首先在生豆分級階段就會因為瑕疵豆異常多而遭到淘汰。

再加上SCAA的杯測評分表不適合用來評鑑乾燥式精製法的咖啡。衣索比亞的乾燥式精製法咖啡豆也有同樣問題，乾燥式精製法經常出現的發酵味屬於好味道或是不好的味道，都可能逆轉分數。因此同時使用乾燥式精製法與水洗式精製法的產地往往讓評審很難評分。我個人認為，乾燥式精製法應該獨立建制適當的評鑑辦法。近幾年也出現了以精製法分類的審查方式。

最後要提到的是，無論SCAA或COE的評分表上都沒有評鑑「苦味」（Bitterness）品質與比例的項目。我對這一點十分不滿。

SCAA認為，苦味是烘焙的產物，不是生豆本身的成份，因此沒有評鑑必要。乍聽之下似乎很有道理，但是，難道我們不能捕捉住酸味即將變成苦味的分界線，或說酸味與苦味互相抗衡那一點，也就是中度烘焙～中深度烘焙的階段，將「好苦味」與「不好的苦味」量化嗎？

我認為對於咖啡來說，優質的苦味正是其最有價值之處。因此，巴哈咖啡館獨家設計的杯測評分表上設定了「苦味」項目。「苦味」評分在咖啡豆狀態下或許不需要，但是變成商品時絕對需要。杯測評分表也仍在不斷進化發展著。

◆善用味環

每個人對於飲食的觀感屬於個人主觀意識。但是在咖啡的杯測世界裡，即使表達了主觀的味覺意見，如：「攪拌醃漬醬菜時的味道……」、「前男友常穿的T恤味道……」等等，仍然很難清楚傳達。主要是歐美人士不瞭解什麼叫做「醃漬醬菜」。想要對異文化圈的人傳達日本文化特有的味道十分困難。如果沒有世界共通的語言（Code），就無法擁有同樣的價值觀。

為了找到更客觀，且能夠讓更多評審彼此溝通的共通語言，SCAA開發出味覺意見專用的「香味用語」。而用這些香味用語製作的就是「味環」（Flavor Wheel）。

只要參加SCAA的研討會就能夠拿到這個味環表。不過SCAA並沒有開設說明味環表的課程，因此與會人士得到這個紀念品，卻不曉得該如何使用，只能夠裱框當作裝飾品。但是既然SCAA特地整理了香味用語，我希望能夠試著多加利用。將內容一一翻譯後，我稍微檢視了一下。

表現味道與香氣時，一般人經常使用「甲基丁醛（Methylbutanal）的味道」等化學用語，或「麥芽味」這種類推方式而已。味環中頻頻出現的「堅果味」、「糖漿味」等也是配合西歐自然環境與文化所孕育出來的形容方式，許多詞彙對東方人而言很陌生。

比方說果香味系列之中的「蘋果」。一提到蘋果，日本人想到的是紅玉種的紅蘋果，但是歐美人想到的卻是澳洲青蘋（Granny Smith）等青蘋果。這種蘋果的特徵是清爽的酸味，經常用來製作蘋果派或蘋果果醬。而味環上的「蘋果味」指的也是這種青蘋果的香味。與我們所認識的紅蘋果有些不同。

說起來咖啡的香味種類很多，來自生豆的香味約有三百種，烘焙之後散發出的香味大約八百五十種，豐富的程度在食品之中也算是名列前茅。實際看過味環之後，各位或許會覺得這些香味用語全像是勉強搪塞，不過以整個味環來說姑且還算合理，各位可以以這些關鍵字為出發點，補充屬於自己的形容方式。

◆歐美人士偏愛「香味」，日本人偏好「口味」

那麼，味環該如何應用呢？味環可分為兩種，主要使用的是有半邊特別突出的類型（128～131頁），也就是中央寫著「香味（Aromas）＋口味（Tastes）」這種。另一種（132～135頁）則是簡單整理了消極評鑑上使用的用詞，因此幾乎鮮少用在精品咖啡上。不過有些評審喜歡使用皮革味（Leather-like）等形容方式，因此或許也可用來形容豆子的小缺點。

以「溼香氣（Aromas）」為例，從味環中央開始，愈靠近外側，說明愈具體。順時鐘方向表示烘焙深淺度，由淺黃綠色到深藍紫色表示烘焙度由淺至深。群青藍（Ultramarine）的焦化（Dry Distillation）是中深度烘焙～深度烘焙區，形容詞彙包括灰色的

（Ashy）、焦黑的（Charred）等，形容咖啡幾乎碳化的狀態。

另外，「愈靠近外側，說明愈具體」的範例如下：

蔗糖焦糖化產生褐變反應（Sugar Browning）→堅果類（Nutty）→麥芽味（Malt-like）→吐司（Toast）

「巴哈咖啡館」設有點心部門，也有烤麵包。咖啡中的確有英式麵包等切片烘烤時的香味。這點我認同。

我使用味環的方式很簡單。比方說，我想嚐嚐某種咖啡。首先由中央往外數到第三排，就會看到花香類（Flowery）、果香類（Fruity）、香草類（Herby）等詞彙。想想這些詞彙是否代表這種咖啡的核心風味？這時無須在意烘焙度。有些咖啡即使採用淺度烘焙，仍有屬於深度烘焙的丁香（Clove）味。

如果選定果香類，接著是柑橘（Citrus）與莓類（Berry-like）兩項，再來還有檸檬（Lemon）、蘋果（Apple）、杏桃（Apricot）、黑莓（Blackberry）。但事實上雖說是橘子，有些比較接近臍橙（Navel orange）或葡萄柚，而這些形容詞沒有列在這個味環上。

評鑑瓜地馬拉、哥倫比亞的優質咖啡味道時，多數評審會以藍莓（Blueberry）形容。但是這個詞彙也不在味環表上。有些人經常使用果香類的用詞形容，有些則多用堅果類詞彙。來自哥倫比亞的評審無論喝什麼咖啡都用甘蔗（Sugarcane）形容。哥倫比亞豆淺度烘焙後，的確會出現柑橘類的風味。或許是這種甜甜香氣讓他決定用甘蔗形容，也或許是甘蔗一詞象徵哥倫比亞咖啡的甜味。

來自歐美的評審似乎很喜歡使用溼香氣這一側的果香類形容詞。另一方面，日本人則偏好口味（Tastes）這一邊的形容詞，最常用的是滑順甘甜（Mellow）。歐美人重視「香味」，日本人強調「口味」——參加杯測審查就能夠發現不同文化的有趣之處。

1 Aromas
溼香氣

2 Enzymatic
發酵生成物（植物中合成的物質＋精製過程中微生物發酵產生的物質）

3 Sugar Browning
糖類褐變反應的生成物（在烘焙初期階段產生）

4 Dry Distillation
焦化過程的生成物（烘焙最後產生煙味等階段）

5 Flowery
花香類

6 Fruity
果香類

7 Herby ※1
香草類

8 Nutty
堅果類

9 Caramelly
焦糖類

10 Chocolaty
巧克力類

11 Resinous
樹脂類

12 Spicy
香料類

13 Carbony
木炭類

14 Floral
花朵般的

15 Fragrant
芳香、濃郁香氣

16 Citrus
柑橘類

17 Berry-like
像莓類的

18 Alliaceous
像蔥的

19 Leguminous
像豆子的

20 Nut-like
像堅果的

21 Malt-like ※2
像麥芽的、像炒過的穀物

22 Candy-like
像糖果的

23 Syrup-like
像糖漿的

24 Chocolate-like
像巧克力的

25 Vanilla-like
像香草的

26 Turpeny ※3
像松脂的、像松節油的

27 Medicinal
像藥物的、有藥劑味的

28 Warming ※4
溫暖的

29 Pungent
刺激的

30 Smoky
煙味

31 Ashy
像灰的（碳化的煤灰）

32 Coffee Blossom
咖啡之花

33 Tea Rose
紅茶香的玫瑰（紅茶玫瑰）

34 Cardamom Caraway
荳蔻、香芹籽

35 Coriander Seeds
芫荽子

36 Lemon
檸檬

37 Apple
蘋果

38 Apricot
杏桃

39 Blackberry
黑莓

40 Onion
洋蔥

41 Garlic
大蒜

42 Cucumber
小黃瓜

43 Garden Peas
豌豆

44 Roasted Peanuts
烘焙花生

45 Walnuts
胡桃

46 Basmati Rice
香米（印度香米）

47 Toast
吐司

（48 之後的說明請見 130 頁）

SCAA
味環說明

SCAA 味環說明 1

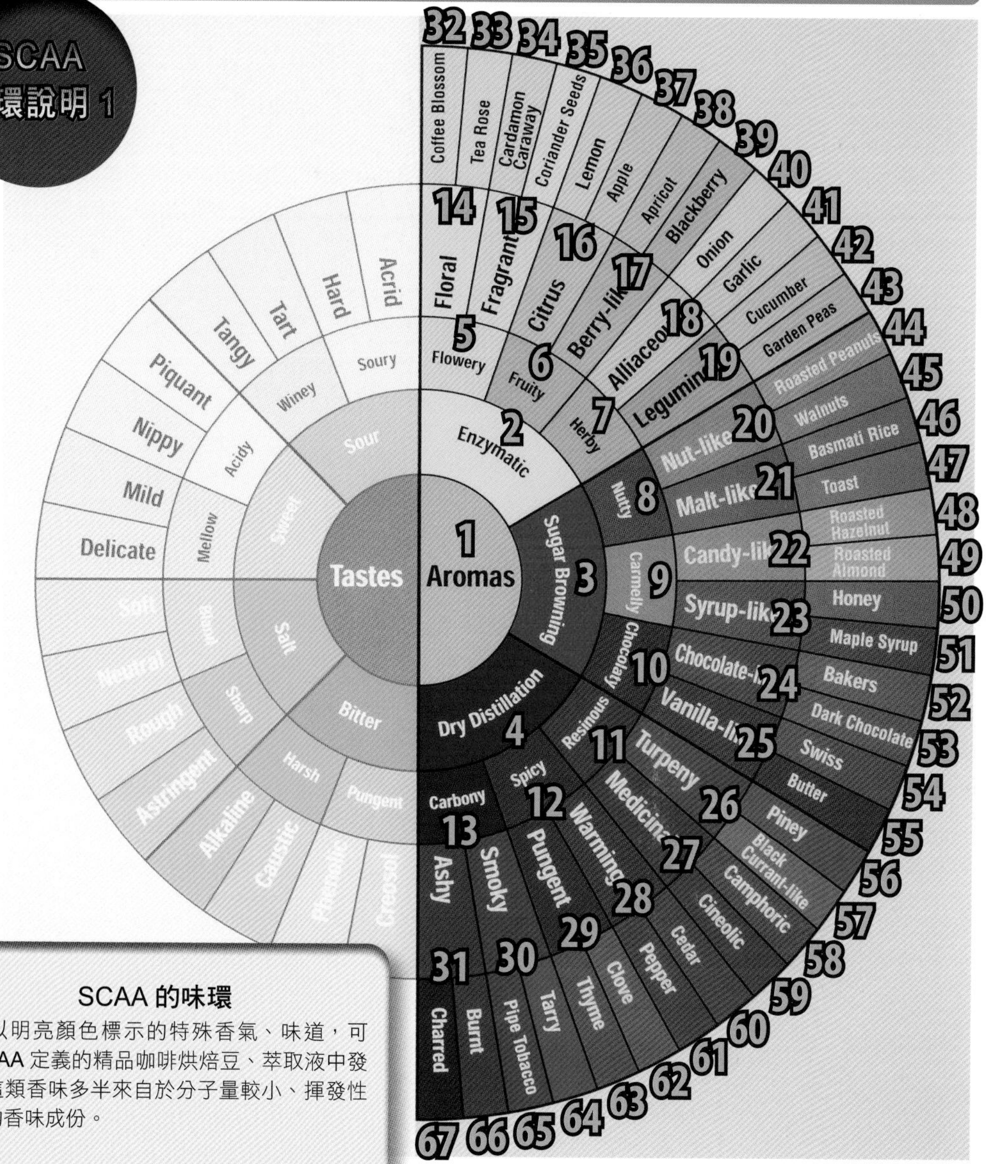

SCAA 的味環

圖中以明亮顏色標示的特殊香氣、味道，可在 SCAA 定義的精品咖啡烘焙豆、萃取液中發現。這類香味多半來自於分子量較小、揮發性較高的香味成份。

※1　Herby 是草本植物（所有未木質化的植物）的葉子或莖。

※2　麥芽是麥子發芽後，乾燥烘焙而成。

※3　松節油是松脂蒸餾而成。通常用來稀釋油畫顏料。

※4　料理用香料燒烤過的味道。

48 Roasted Hazelnuts
烘焙榛果仁

49 Roasted Almond
烘焙杏仁

50 Honey
蜂蜜

51 Maple Syrup
楓糖漿

52 Bakers ※5
Bakers 巧克力

53 Dark Chocolate
黑巧克力

54 Swiss
瑞士巧克力（牛奶巧克力）

55 Butter
奶油

56 Piney
像松樹的

57 Black Currant-like
像黑醋栗的

58 Camphoric ※6
像樟腦的

59 Cineolic ※7
像桉樹腦的

60 Cedar
西洋杉

61 Pepper
胡椒

62 Clove
丁香

63 Thyme
百里香

64 Tarry
像瀝青的

65 Pipe Tobacco
像菸絲的

66 Burnt
焦味

67 Charred
焦黑

68 Tastes
味道

69 Sour
酸味

70 Sweet
甜味

71 Salt
鹹味

72 Bitter
苦味

73 Soury
重酸味

74 Winey
葡萄酒般的酸味

75 Acidy
優質酸味

76 Mellow
滑順甘甜

77 Bland
清爽的味道

78 Sharp
尖銳刺激的味道

79 Harsh
苦澀味

80 Pungent
微辣苦味

81 Acrid
辛辣尖酸味

82 Hard
不舒服的酸味

83 Tart
刺激的酸味

84 Tangy
強酸味

85 Piquant
清爽的酸味（冷卻後有酸味）

86 Nippy
微辣的酸味（冷卻後變甜）

87 Mild
溫和的甜味

88 Delicate
微甜

89 Soft
柔和的味道

90 Neutral
中性的味道

91 Rough
多雜味

92 Astringent
澀味

93 Alkaline
鹼味（鹼苦味）

94 Caustic
強鹼味（苦澀味）

95 Phenolic
像苯酚的（煙燻苦味）

96 Creosol ※8
木焦油醇味（微辣苦味）

SCAA
味環說明

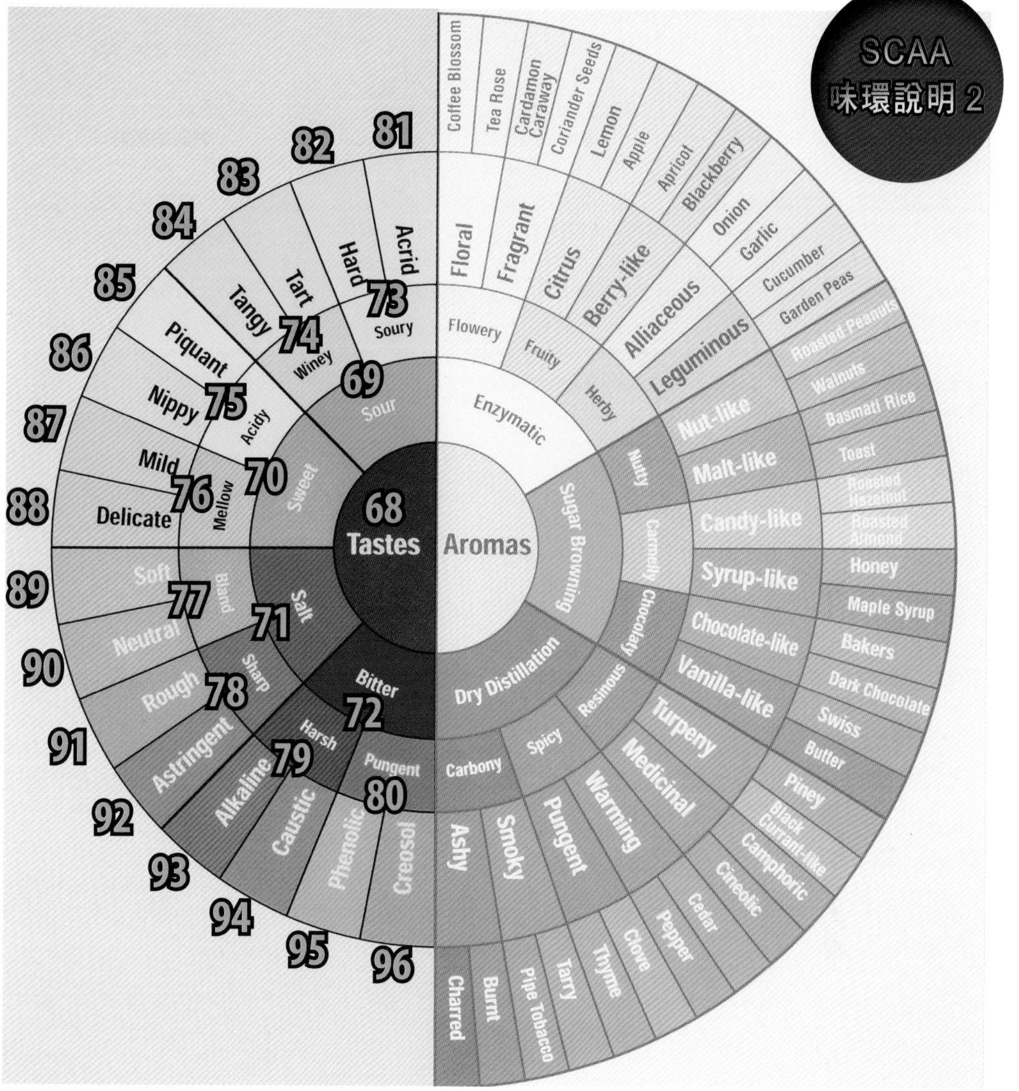

※5 「Bakers」是製作點心專用的美國知名黑巧克力品牌。

※6 樟腦自古就用於衣服防蟲劑。現在坊間仍有販售樟腦製作的和服除蟲劑。

※7 尤加利精油的香味。也就是所謂「曼秀雷敦」軟膏的味道。

※8 類似苯酚的藥劑味。

1 Internal Changes
豆子內部的變化

2 Taste Faults
味道的弱點與缺點

3 Fats Changing Chemically
脂質的化學變化

4 Acids Changing Chemically
酸的化學變化

5 Loss of Organic Material
有機成份的損失

6 Sweaty
像汗水的

7 Hidy ※9
像獸皮的

8 Horsey
像馬的

9 Fermented
發酵味

10 Rioy
里約味（注：碘味）

11 Rubbery
橡膠味

12 Grassy ※10
草味

13 Aged ※11
陳年

14 Woody ※10
木頭味

15 Butyric Acid
丁酸（汗臭味）

16 Soapy
像肥皂的

17 Lactic
像乳製品的

18 Tallowy
像獸脂的

19 Leather-Like ※9
像皮革製品的

20 Wet Wool
溼羊毛

21 Hircine
像山羊的

22 Cooked Beef
熟牛肉

23 Gamey
像野生動物的肉味

24 Coffee Pulp
像咖啡果肉的

25 Acerbic
酸的

26 Leesy
像葡萄酒粕的

27 Iodine
碘味

28 Carbolic
像石碳酸（苯酚）的

29 Acrid
辛辣尖酸味

30 Butyl Phenol
丁酚（像橡膠輪胎的）

31 Kerosene
燈油味

32 Ethanol
乙醇味

33 Green
青草味

34 Hay
乾草味

35 Strawy
像稻草的

36 Full ※11
完全成熟的

37 Rounded ※11
有銳角的

38 Smooth ※11
滑順的

39 Wet Paper
溼紙味

40 Wet Cardboard
溼紙板味

41 Filter Pad
厚濾網味

SCAA
味環說明

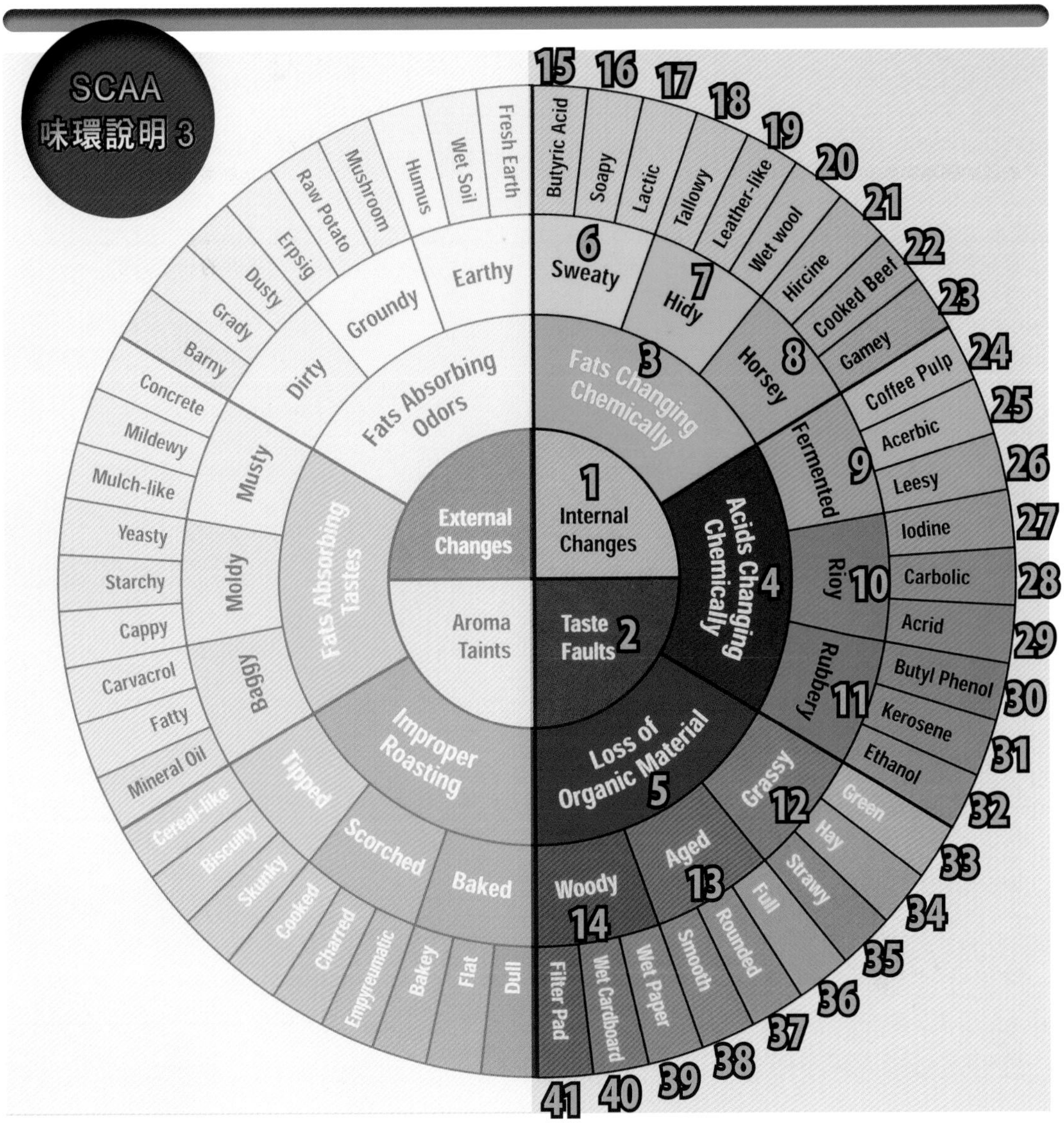

※ 9 Hide 是指剛剝下來、未經處理的「獸皮」，上面往往還留著毛和油脂。將「獸皮」鞣製處理後，就成了皮革（Leather）。

※10 Grassy 是草地、稻子等草本植物（單子葉），Woody 則是木本植物（木質化植物）的木頭部份。

※11 站在整個咖啡界來看，Aged 的相關形容（aged、full、rounded、smooth）不一定全是負面意思，也有人支持「老豆咖啡」、「老咖啡」。只是 SCAA 認為此種咖啡的新豆缺乏明顯的優點，因而視為缺點之一。

42 External Changes
外在因素引起的變化

43 Aroma Taints
香味污染

44 Fats Absorbing Odors
脂質吸收氣味

45 Fats Absorbing Tastes
脂質吸收異味

46 Improper Roasting
不適當的烘焙

47 Earthy ※12
土味

48 Groundy ※12、13
像土的味道、泥土味

49 Dirty ※12
土塵味、骯髒

50 Musty ※12
像發霉的味道、霉味

51 Moldy ※12
發霉的味道、霉味

52 Baggy
麻袋味

53 Tipped
摻雜焦味，豆子頂端烤焦

54 Scorched
外側烤焦

55 Baked ※14
窯烤，慢慢烘烤

56 Fresh Earth
乾淨的土味

57 Wet Soil
溼土味

58 Humus
腐殖土味

59 Mushroom
蘑菇味

60 Raw Potato
生馬鈴薯味

61 Erpsig ※15
像馬鈴薯的

62 Dusty
灰塵味

63 Grady
像院子般充滿灰塵的

64 Barny
像倉庫的

65 Concrete
混凝土味

66 Mildewy
發霉味

67 Mulch-like
像護根用的覆地稻草味

68 Yeasty
像酵母的

69 Starchy
澱粉質的

70 Cappy
像牛奶瓶蓋的

71 Carvacrol ※16
香芹酚（像牛至油的）

72 Fatty
油膩的

73 Mineral Oil
礦物油味

74 Cereal-like
像穀麥食品的

75 Biscuity
像餅乾的

76 Skunky
惡臭味

77 Cooked
加熱烹煮過的

78 Charred
焦黑的、碳化的

79 Empyreumatic ※17
完全焦黑的、像軟質木炭的、像燃燒殘渣的

80 Bakey
像麵包一樣烤過的

81 Flat
平板單調的

82 Dull
無趣的

SCAA 味環說明

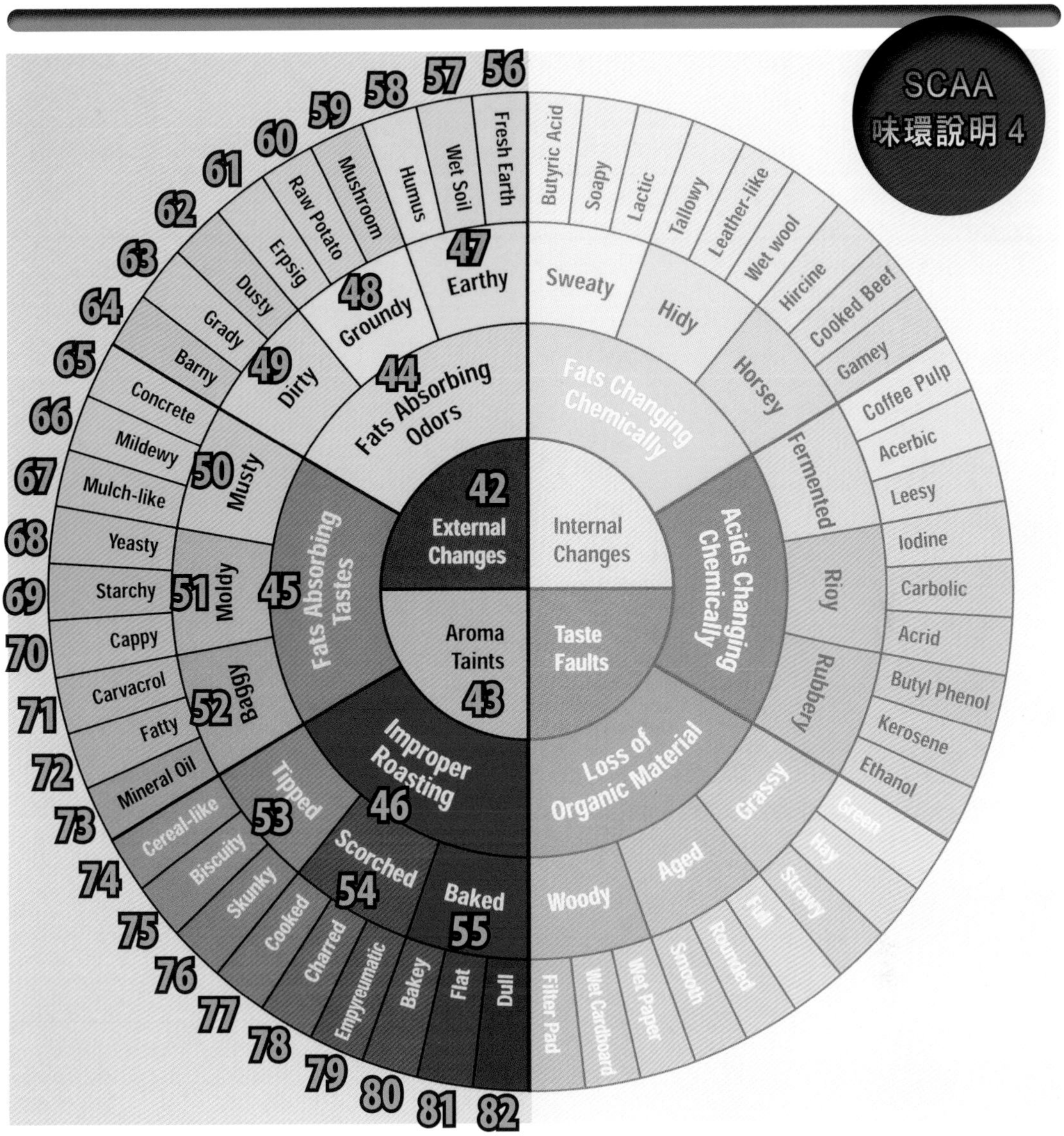

※12　土→像土的→土塵或沙塵→廢墟的霉味→黴菌（Earthy － Groundy － Dirty － Musty － Moldy），可連續想像這樣的味道。

※13　沾著土的蔬菜、種在泥土中蔬菜的「土味」。

※14　Baked 是指用烤箱烤麵包或蛋糕。溫度比烘焙咖啡時更低，藉此表示低溫長時間加熱。

※15　來自德國專用的杯測用語，是 SCAA 特有用語。德文的意思是「像豆子一樣」，一般認為是 Erbsig 的誤傳。

※16　香芹酚是牛至與百里香中含有的精油。具有抗菌力，也當作防腐劑使用。味道涼爽，類似薄荷醇（Menthol），只是有更強烈、刺激的藥劑味。以身旁物品打比方的話，比較類似漱口水（多數漱口水之中使用類似香芹酚的百里酚）。

※17　肉類或蔬菜乾餾或直接在火上燒烤後產生的燒焦物質。類似烤肉時產生的（肉類或蔬菜的）殘渣。

◆SCAJ的杯測法

精品咖啡的杯測大致分為SCAA法與COE法兩種。這裡將介紹以COE方式為基準的SCAJ（日本精品咖啡協會）採用的杯測法。

每種杯測法大同小異，不同之處在於杯測使用的杯子數量，SCAA有5杯，COE和SCAJ都是4杯。為什麼會有這種差異？大概是因為批次的份量不同所造成的吧。SCAA的杯測對象是一個貨櫃的量（約250袋），而COE頂多只有20～50袋。

SCAA的杯測法用意在區隔精品咖啡與商業咖啡，因此也會注意缺點（Fault減4分，或Taint減2分），因此每一個樣本最少必須有5杯。

另一方面，COE在選擇杯測的咖啡之前已經完成缺點審查，表示這些咖啡能夠獲選已經具有一定水準，因此只要準備4杯就足夠。SCAA杯測法的目的在於找出可能混雜在其中的劣質咖啡；而入選COE杯測法的咖啡則幾乎零缺點，等於已經及格了，因此兩種杯測法的目的與目標不同。

① 熱水
② 杯測杯4個
③ 杯測匙
④ 烘焙好的咖啡豆
⑤ 杯測匙清洗杯
⑥ 吐掉咖啡液的杯子
⑦ 測量匙
⑧ 秤

接下來就要進入杯測階段了。左頁照片的說明如下：

①準備杯測用的咖啡粉。杯測杯是200毫升容量的特製品。將中粗度研磨的高度烘焙咖啡粉（注：High Roast美國使用的烘焙度8等級，相當於一般所稱的「中度烘焙」）放入杯中。補充一點，SCAA杯測法是150毫升熱水兌8.25公克咖啡豆。

②鼻子湊近杯子聞聞咖啡粉香氣（Fragrance）——乾香味。

③將熱水（約95℃）注入杯中。

④確認表層香氣。

⑤溼香味出現3分鐘後，以湯匙撈起浮在表面的咖啡粉，此時被悶在底下的香氣（Aroma，濕香氣）一口氣散發出來。確認這股香氣。每個杯測杯攪拌3圈左右，湊近鼻子聞聞香味後靜置。

⑥以杯測匙仔細清除表面浮沫並清洗杯測匙，避免留下不好的味道。

⑦以杯測匙舀起咖啡液，一口氣吸入嘴裡。吸入時嘴巴微張，連空氣一起吸入，讓咖啡液成霧狀散

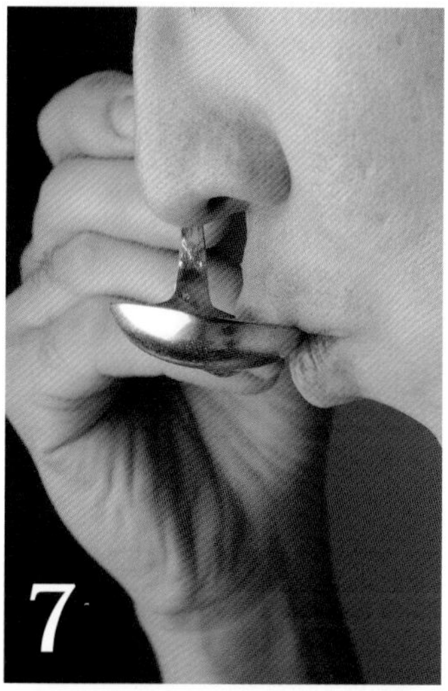

① 準備杯測用的咖啡粉
② 聞聞咖啡粉的香味
③ 熱水注入杯中
④ 確認香氣
⑤ 撈起表面咖啡粉，確認咖啡液香味
⑥ 以湯匙撈除表面浮沫
⑦ 一口氣吸入咖啡液
⑧ 清洗杯測匙

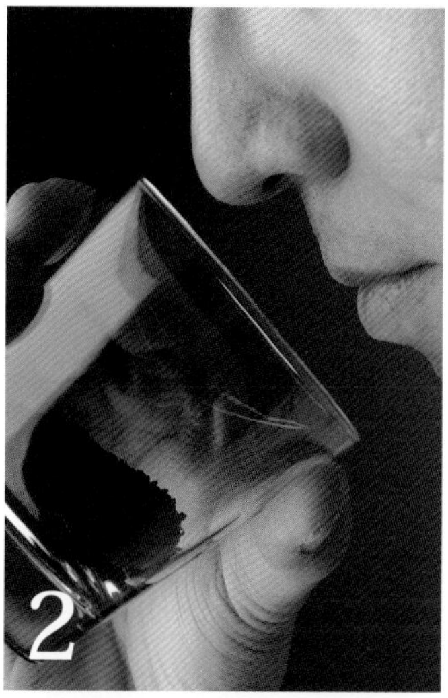

開，味道分子逐漸汽化，使味道抵達鼻腔下方。這點與葡萄酒杯測時相同，必須多加練習才會習慣。不是吸麵條的吸法，較類似與喝茶時吸入茶液的訣竅。

⑧杯測匙放入清洗杯中洗滌。

◆日本人講究「甜味」

根據以上順序一一在評分表上寫下分數。評鑑項目如下所示：

●風味（Flavor）——8分

此項目可說是精品咖啡的重點，也是味覺與嗅覺的組合。形容方式包括「如花朵般的香氣」、「果香味」等。

●餘韻印象（Aftertaste）——8分

此項目是評鑑咖啡喝下之後殘留的風味。以留在口中的咖啡令人覺得「甜味逐漸消失」或「刺激的不舒服感覺逐漸出現」等情形來評分。

●酸味品質（Acidity）——8分

評鑑的是酸味的品質而非強度。根據咖啡的酸味是明亮清新或細緻等進行評鑑。

●含在嘴裡的口感（Body）——8分

根據含在嘴裡口感的「黏度」、「密度」、「濃度」、「順口度」、「澀味有無」等進行評鑑。

●和諧度（Harmony，均衡與否）——8分

風味是否和諧？有沒有哪個味道特別突出？是否有欠缺？諸如此類，評鑑風味的均衡與否。

●清澈度（Clean cup，咖啡液特性）——8分

檢查杯中咖啡液的風味是否存在缺點或瑕疵。重點在於能夠清楚展現栽種地的特性。

●甘甜度（Sweetness）——8分

評鑑咖啡果實成熟度對於甘甜味的影響。

●綜合評價（Overall）——8分

風味有深度、複雜精妙、有立體感、很單純，或者雖然單純卻有令人愉快的風味等，進行杯測者可依個人好惡加分、形容。

以上八個項目各佔8分，亦即「8×8分＋基礎分30分＝100分」。

與SCAA杯測法最大的不同在於乾香味（Fragrance）的「乾香味、表面香味、靜置香味」只屬於參考範圍，不列入計分。咖啡粉香味會因為審查會場、研磨機器等器材狀況、評審人數等而有變動，因此不列入評分對象。另外也沒有與「均勻度」（Uniformity）相當的項目，而是把「清澈度」、「甘甜度」列入計分項目。SCAA則是自動將這三項各預設為10分（基礎分30分）。

我認為，SCAA與SCAJ的「酸味評鑑」方式不同。SCAJ不喜歡強烈的酸味，屬於「質大於量」。我也一樣，酸味豐富的咖啡豆即使得分超過85分，仍不會採購。瓜地馬拉、肯亞、哥斯大黎加等高地咖啡豆之中，有些豆子的酸性強烈到無法利用烘焙技術調整，因此巴哈集團傾向不採購。

另外在審查會場上經常可以聽到日本評審說：「這個甜嗎？」日本人對於「甘甜味」十分講究，因此經常在「甘甜度」這項目給予較多分數。至於「清澈度」這個項目，畢竟審查會是挑選「咖啡之王」（Top of the Top），因此無論COE或SCAA評分時都十分謹慎。

◆巴哈咖啡館的杯測法

接著要介紹在我的店裡獨家使用的巴哈咖啡館杯測法。事實上並不難，首先將新豆樣本（通常使用中度烘焙）中度研磨，接著在兩個杯測杯中各放入10公克咖啡粉，注入150毫升熱水，然後以SCAA杯測法進行一般杯測。

另一種方法是將生豆烘焙至販賣給客人的烘焙度，研磨成咖啡粉之後，利用一般濾紙濾滴法萃取出咖啡液，注入杯測杯中，以杯測匙進行杯測。這種杯測法的好處是相當符合現實狀況，而且不需要特殊器材與設備，因此無論任何時候、在任何地方都能夠確實進行。做法如果太困難，則很難持久進行。然後準備兩個杯測杯、一個咖啡杯，總共利用三個杯子進行評分，這就是巴哈咖啡館的杯測法。

二〇一〇年六月在倫敦舉辦的杯測王大賽中，由瓜地馬拉代表贏得世界冠軍。瓜地馬拉亦同時拿下世界咖啡師大賽第二的獎項。由此可知，目前由SCAA與COE主導的積極評鑑方式已逐漸影響咖啡生產國。

或許也可以說是咖啡消費國的技術層面已經被生產國超越了。他們擅長突顯咖啡豆特性的烘焙方式，如此一來，咖啡採購國手中再沒有王牌。姑且不論好壞，總之，咖啡生產國與消費國現在已經站上同樣立場了。

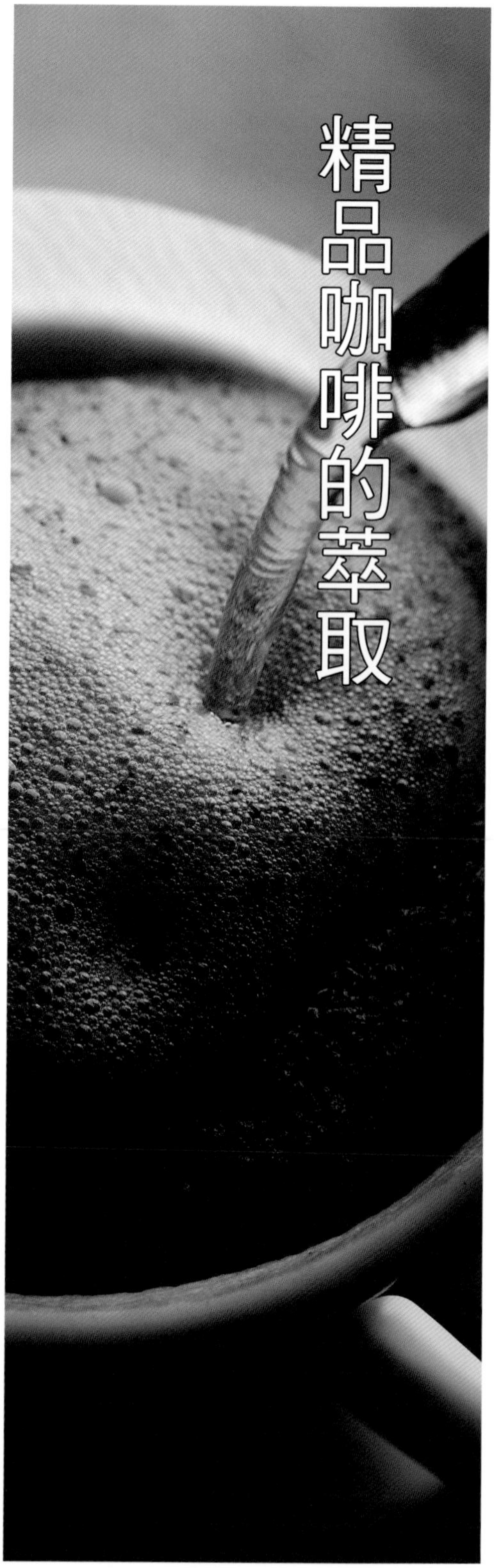

精品咖啡的萃取

◆獨立咖啡館引發「第三波」潮流

被稱為「第三波咖啡」的新世代咖啡以美國西岸為中心逐漸風行。「第三波」讓我想起以前讀過未來學家艾文．托佛勒（Alvin Toffler）寫的《第三波》（*The Third Wave*）。該書的主題是談「後工業社會」（post-industrial；注：托佛勒論人類經濟發展有三階段，第一波是農業時代，第二波是工業時代，第三波則是後工業時代，或稱資訊時代）。而咖啡世界的第三波主角，不是星巴克等為首的大規模連鎖店，而是在地自家烘焙咖啡店，而且提供的咖啡不是只有使用濃縮咖啡機的深度烘焙咖啡，還有採用濾紙滴濾、塞風壺、法式濾壓壺等萃取的淺度烘焙咖啡。簡直就是日本30～40年前曾經繁盛的咖啡專賣店風潮再起。我忍不住要說這是「復古風潮」。

巴哈咖啡館的姿態始終沒有改變，亦即「烘焙之前是店裡的工作，萃取是客人的工作」。因此我不干涉咖啡的萃取方式。個人雖然偏愛濾紙滴濾法，不過並沒有強迫顧客一定要接受。

◆美國的動向是關鍵

前面已經大致瞭解精品咖啡了，接著要討論的是：

①精品咖啡如何製作綜合咖啡？
②羅布斯塔種咖啡如何處理？
③各種咖啡液萃取法如何排名？

精品咖啡基本上是單品咖啡為主，趨向「單一原創」路線，從產地大小、咖啡園大小、田地大小到批次大小都逐漸朝小規模發展。這代表什麼意思？表示我們能夠自由選擇引出咖啡豆特性的烘焙方式與萃取方式。

美國西雅圖的大型咖啡連鎖店一直以來都是以濃縮咖啡機為擴大版圖的武器，只靠濃縮咖啡機無法賣掉咖啡豆，也不適用於「單一原創」咖啡。因此濾紙滴濾法、塞風壺等萃取方式再度復興。

如果堅持「單一原創」的話，唯有靠「萃取方式」營造區隔。我深深瞭解這個道理，因此巴哈咖啡館四十年來持續使用濾紙滴濾法萃取三十多種單一原創咖啡。SCAA方面也曾經為了濃縮咖啡機和咖啡師起爭論，最後終於瞭解想要販賣咖啡豆的話，必須讓濾紙滴濾法普及化。

經歷了「第三波」的咖啡店似乎早就注意到這點，根據巴哈咖啡館員工從舊金山傳來關於人氣咖啡店「藍瓶子」（Blue Bottle Coffee）及其他咖啡店的報告顯示，烘焙度不再只有深度烘焙一種，他們也開始配合咖啡豆選擇烘焙度。而萃取方式也可從滴濾法、塞風壺、法式濾壓壺等方式之中選擇喜歡的。簡直與日本七〇年代的咖啡專賣店風潮一樣。反之也能看出這些咖啡店是多麼努力，希望讓精品咖啡也能夠進入一般家庭。

藍瓶子咖啡店的老闆詹姆斯・費里曼（James Freeman）據說也曾多次訪日，滴濾式咖啡等多是在日本學到的。看來一般認為「故步自封」的日本咖啡文化，反而被美國人視為有趣而反攻美國了。

另外，為了方便品嚐濃縮咖啡，造成濃縮咖啡易濾包（Coffee Pod）熱賣。只要把咖啡粉裝填到圓盤容器裡，裝到專用機器上，按下按鈕，就能夠享受濃縮咖啡。

另一方面，雀巢公司（Nestlé）也將咖啡粉裝入小型膠囊（K Cup）裡，只要裝上專用的濃縮咖啡機，就能夠輕鬆喝到咖啡。而星巴克也開發出棒狀包裝的VIA超微細即溶咖啡與之對抗。這些發明的關鍵都在於「簡便」。

至於提到羅布斯塔種咖啡的處理方式，SCAA原則上仍保持只使用百分之百阿拉比卡種咖啡的路線。歐洲方面因為有歷史沿革的關係，因此普遍認同羅布斯塔咖啡，且仍持續由非洲等舊殖民地進口，使用於替綜合咖啡提味，所以他們並不強調「可追溯性」或「永續性」等標語。感覺上像是巧妙避開了由美國主導的「原理主義」，實在狡猾。另一方面，印度等地則會舉辦「美味羅布斯塔」審查會，提升了羅布斯塔種的評價。這些也都是應該注意的趨勢（注：羅布斯

不同萃取工具的杯測評鑑比較

樣本 相同咖啡	烘焙 COLOR	風味	餘韻	酸味	口感	清澈度	甘甜度	和諧性	綜合評價	備註
濾紙滴濾法 12g → 180ml		7.0	7.0	7.0	7.0	7.0	7.0	7.0	7.0	
法式濾壓壺 14g → 300ml		6.5	6.0	7.5 (○)	6.0	7.0	8.0 (○)	7.0	7.0	清爽
塞風壺 18g → 350ml		7.5 (○)	6.0	6.0	7.5 (○)	7.0	6.5	7.0	7.0	華麗
濃縮咖啡機 20g → 60ml		7.5 (○)	7.5	7.5 (○)	7.5	7.0	6.0	7.0	7.0	
土耳其咖啡杓 10g → 150ml		7.0	7.5 (○)	7.5 (○)	7.0	7.0	7.0	7.0	7.0	表層咖啡液類似濾紙滴濾的味道

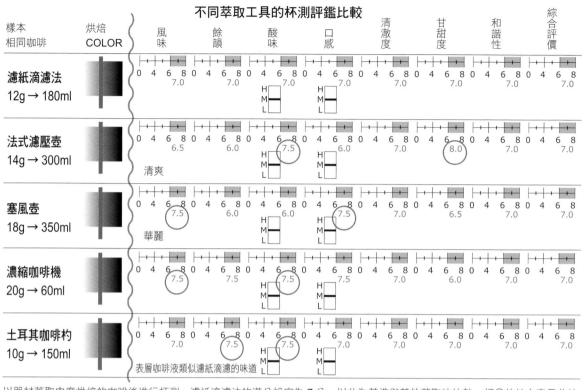

以器材萃取中度烘焙的咖啡後進行杯測。濾紙滴濾法的滿分設定為 7 分，以此為基準與其他萃取法比較。打○的地方表示此法比濾紙滴濾法更能夠展現特色。

塔傳統上被認為是不好的咖啡，但其實羅布斯塔亦有精品，價格甚至超過許多阿拉比卡種的精品咖啡。）。

〔濾紙濾滴法〕

濾紙滴濾法能夠讓豆子直接呈現原本的味道，而且可對應各種烘焙度。只是操作過程需要一點技巧，比方說，假如滴濾有芯、澀味強的咖啡，就必須採用粗度研磨，讓熱水快速通過咖啡粉，多少能夠調整。縮短「悶蒸」的過程讓整體味道清淡些，也能夠調整原本太濃、太苦的味道。

濾紙滴濾法具有這種可變動性。最合適的研磨度是中度研磨。太粗或太細都不適當。手捏起一撮咖啡粉，觸感粗糙的話最佳。熱水溫度約是82～83℃。

使用濾紙滴濾精品咖啡沒有特殊技巧。香味比起萃取商業咖啡時更容易逸失。畢竟必須接觸到外在空氣，這也沒辦法，或許也是濾紙滴濾法唯一的弱點。

另外，低溫萃取時容易突顯某些特定味道，必須小心。精品咖啡沒有雜味，因此冷了也好喝。

〔法式濾壓壺〕

使用濾紙或法蘭絨滴濾法時，咖啡油脂等會吸附在濾紙或法蘭絨上，但是使用法式濾壓壺的話，可以連同油脂一起萃取出來，因此咖啡會有油滑的口感，這也是此萃取法的一大特徵。不過也因為這種油滑口感，因此評價相當兩極。

雖然進行細部的味道調整有困難，不過時間久了仍然能夠品嚐到獨具特色的酸味和香味。適合中度烘焙，可搭配粗度研磨。以結構來看，法式濾壓壺屬於「材料主導味道的道具」，使用好材料的話，可清楚展現個性，十分有趣，但如果材料不好的話，就會萃取出令人失望的味道。重點就在於嚴格挑選材料。

一般認為法式濾壓壺可使用熱水，事實上真相究竟如何沒有人知道。有些人只把熱水加到一半，用意類似滴濾法的「悶蒸」。最佳萃取時間是4分鐘（注：萃取時間須視研磨狀況做微調，粗則時間長，細則時間短。另外，確實的把咖啡粉攪拌開也是重點。），但也有意見認為靜置4分鐘恐怕連雜質也萃取出來。這種萃取法用的是熱水，釋放出的香氣確實很強烈。

〔塞風壺〕

塞風壺採用高溫萃取（注：塞風壺的溫度其實並不高，上壺約在90℃上下，不可能更高。），因此容易產生香氣，不過口感不及滴濾法厚實是一大缺點。再加上咖啡粉浸泡在高溫熱水裡，因此不易表現出微妙的味道差異。

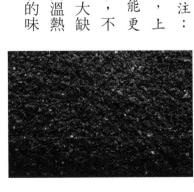

但是，塞風壺是相當適合用於表演及展示的工具，因此或許正好適合推廣精品咖啡。目前美國等地最受歡迎的，聽說就是使用鹵素燈加熱的塞風壺咖啡。

塞風壺在日本已經成了過去的歷史，最近幾乎看不見。不過塞風壺能夠順著第三波潮流，不知不覺間成為美國咖啡界的新寵兒，也是美事一樁。

咖啡粉的研磨度與濾紙滴濾法一樣採用中度研磨。烘焙度是中度烘焙～中深度烘焙。塞風壺是相對制式化的萃取法，在哪個時間點攪拌、哪個時間點離火都是關鍵。另外，為了避免萃取過程中溫度下降，以及不小心煮出雜味，必須適度調整火力。

〔濃縮咖啡機〕

談到濃縮咖啡機，過去使用的是近乎碳化狀態的義式烘焙豆。但是現在的主流則是傾向於使用強調香氣與酸味的城市~深城市烘焙（中深度烘焙）。咖啡粉的研磨度是極細度，再利用約90℃的熱水與9個大氣壓力的高壓萃取。巴哈咖啡館則是採用烘焙度略深的法式烘焙，避免出現不好的酸味。萃取出的咖啡液濃郁，給人留下口味強烈的印象。衣索比亞日曬豆稍微烘焙深一點、採極細度研磨後萃取的話，能夠展現出其獨特的花香氣味。

前面提過美國的「第三波」風潮主流不是濃縮咖啡機萃取，而是幾乎已經成為歷史的滴濾法（pour-over）。我輩日本人看到後覺得：「怎麼現在才注意到滴濾法的好處？」但也敬佩美國人重新認真審視滴濾法與塞風壺萃取法的坦率精神。

一般家庭用的可拋式產品，如：濃縮咖啡易濾包或雀巢公司出品的膠囊咖啡機K-CUP等的營業額逐步攀升，即使沒有咖啡師的技術也能夠在家品嚐到好喝的咖啡。對於濃縮咖啡機來說或許是起死回生之策。

〔土耳其咖啡壺〕

使用土耳其咖啡壺Ibrik（或稱Cezve）的土耳其咖啡目前仍廣泛受到中東、北非，以及巴爾幹半島的希臘等國的喜愛。湯勺形狀的土耳其咖啡壺主要用銅或黃銅製成。使用方式是放入咖啡粉與砂糖後加水煮。也可說是水煮式萃取法的始祖。不過在日本並不普及。品嚐煮好的咖啡液表面是最基本的喝法，接下來就進入深奧的世界了，老實說我不是很清楚。儘管如此，SCAE（歐洲精品咖啡協會）等機構會舉辦「世界土耳其咖啡冠軍賽」等活動，今後的發展或許會更豐富。

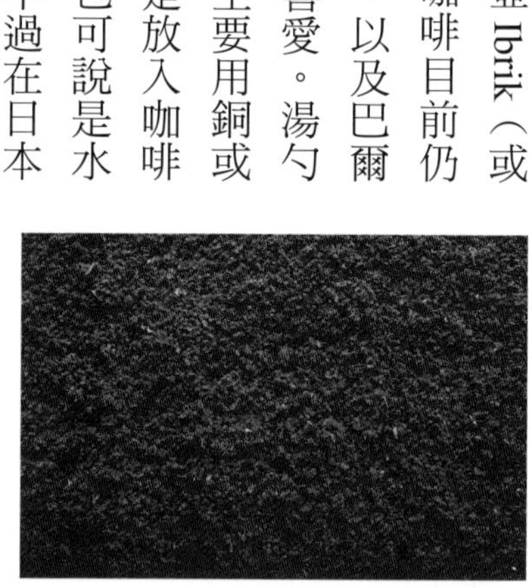

SCAA、SCAE等為了推廣精品咖啡，舉辦了各式啟蒙活動。其中包括咖啡師大賽、那堤藝術咖啡大賽、土耳其咖啡大賽等，最近甚至出現了整合這些活動的組織，名為「世界咖啡活動」（World Coffee Event, WCE）。

第3章

實踐篇　精品咖啡的銷售

精品咖啡該如何採購，又如何販賣才好呢？——這是相當困難的問題。採購方法與銷售方法沒有一定，本章將介紹巴哈咖啡館如何與生產者建立互信關係、開拓採購管道，以及如何販賣這些咖啡。另外也介紹我們對工作人員進行的教育訓練內容，以及 SCAJ 等單位的培訓計畫。

整齊擺放自淺度烘焙到深度烘焙，各個烘焙度咖啡豆的架子，一眼就能夠瞭解「系統咖啡學」的內容。淺度烘焙到深度烘焙的色彩漸層十分美麗。

cafe Bach

精品咖啡的採購

◆利用網路靠近產地與消費地

精品咖啡問世後，咖啡豆的流通方式也發生戲劇性的變化。十多年前，一般流程是「產國↓進口貿易公司↓生豆批發商↓烘焙業者↓咖啡廳、餐廳」，而我們這類自家烘焙咖啡館多半是透過生豆批發商或烘焙業者採購咖啡豆。

如果想要獲得一定品質以上的咖啡豆，每種咖啡豆必須採購一袋（60～70公斤）以上的量，否則生豆批發商不會接受你的訂單。不過小型自家烘焙咖啡館根本用不完那一袋。

而如果不向生豆批發商採購生豆，而是找烘焙業者的話，對方完全不會給你一絲好臉色。站在業者立場來看，畢竟他們的本行是賣烘焙好的咖啡豆，販賣少量生豆的利潤很少，不給好臉色也是理所當然。

然而到了現在，貿易公司和批發商皆因為庫存清不完而積極推銷，在網路上甚至出現以1公斤為單位販賣生豆給一般民眾的批發商。

也有些人是聚集一群志同道合的朋友，直接與產地的咖啡園訂定契約，再透過歐美方面的專業貿易公司直接進口。現在的咖啡流通方式已經與十年前大不相同。

助長這種風氣的正是網路的普及。如同中東阿拉伯國家民眾發起「網路革命」推翻獨裁政權所引起的骨牌效應一樣，咖啡物流也發生了網路革命。最具代表性的就是主辦卓越杯COE的國際網路拍賣會。

國際網路拍賣會的出現，是因為二〇〇一年「咖啡危機」的教訓，使得咖啡不再依賴市場，轉而以生產國為導向，進而促成精品咖啡的出現。目的之一的「不受市場影響」看似達成了，但諷刺的是，後來金磚四國等新興國家的需求量大增，全世界的貨幣寬鬆政策放寬了進入市場的投資資金限制，因此到了二〇一〇年出現1磅＝200美分的行情價，創下紐約市場十三年來的新高。於是生產者之間出現了「如此一來就沒有必要參與國際拍賣」的聲音。

目前這個時間點雖無法預測今後網路拍賣將以什麼形式繼續存在，但是總有一天，使用網路拍賣的銷售系統必然會大幅改變物流的基礎。

獲得卓越杯COE稱號的咖啡園成為世界公認的高品質咖啡生產者之後，買家開始由世界各地前來採購咖啡。買家不只是拜訪單一咖啡園，也會走訪附近產區，企圖尋找其他能夠提供高品質咖啡的栽種農家。卓越杯COE過濾出全世界的咖啡產地，並且成功鎖定優良產區與優秀的咖啡園。

但是卓越杯COE的系統並非全然值得稱讚。其中也有些人反而對卓越杯COE等各類審查會不屑一顧，表示：「我才不要因為那些不專業的傢伙一句：『這個90分！』就乖乖聽話賣那些咖啡。」

這也是一種看法吧。胡亂全盤接受他人掛保證的東西不但滑稽，也讓人質疑是否有為人作嫁之嫌。

商業咖啡之中也有值得注目的咖啡，而沒有受到審查會青睞的咖啡園也有可能藏著未經琢磨的璞玉。

◆自倒數幾名的咖啡豆開始買起

「到底哪個國家、哪間咖啡園的咖啡最好？」

顧客經常問我這個問題。最近電視上、網路上都很流行排行榜，各位經常可見到各個領域的排行榜資訊。而卓越杯COE的排行榜也屬於其中一類，不過排名第一的咖啡叫什麼名字其實一點也不重要，最要緊的是自己能夠如何善用這個優質素材。

簡單來說就是要如何使用排名第一的咖啡。一般人多半是當作宣傳，希望打著第一名的咖啡豆的招牌招攬客人，不過這並不表示第一名的咖啡豆就一定好。

我甚至可以根據經驗告訴你，不如配合自家咖啡店的用途購買排名較差的咖啡豆，再利用烘焙技術一口氣讓它擁有前幾名的價值比較划算。

幾年前，我買過尼加拉瓜30名的咖啡豆，價格與第1名差了十倍。盲測時也能夠確實感受到它與第1、2名的差異，不過20～30名則沒有太大差別。事實上，第5名到最後一名有7、8成的分數約在84～86分，杯測上幾乎沒有差別，即使是最後一名，品質也相當精良。於是問題仍舊在於烘焙技術，是否正確停止烘焙，才是決定味道的最後關鍵。

◆網路購物的優點與缺點

接下來將具體談到採購生豆的方式。採購精品咖啡有各種流程與方法。如果有語言能力與經驗，可直接飛往產地與咖啡園購買，再透過歐美的專業貿易公司（VOLCAFE或Neumann Kaffee Gruppe）等進口。現在已有集團採用這種方式，經手的商品能夠與其他業者有所區隔更是魅力之一。

另外，如果進貨量少的話，利用網路販售也是一種方式。不過必須有面對風險的心理準備。前面我提過，目前網路上已經出現以1公斤為單位販賣精品咖啡生豆的專門批發商，有時即使型錄或網站上標示有庫存，仍有可能缺貨。我甚至聽說剛開始訂購的1公斤品質很好，追加訂購了20公斤卻發現品質很差，或是樣品與現貨完全不同等問題。

以下是我聽過的案例。有人想要購買衣索比亞耶加雪菲，因此向前述的網路批發業者索取付費的樣品。生豆樣品看起來品質良好，於是他訂購了10公斤，結果寄來的卻是與樣品完全不一樣的東西。於是他抗議：「這和樣品不一樣啊！」對方回答：「不，我送的是一樣的東西。」當時他只好以手選方式處理。到了隔月想要再度訂購同樣東西時，業者卻告知沒有庫存了。

如果只訂1～2公斤的話，業者能夠送來相對較優質的咖啡豆，但一旦接到客訴，不曉得為什麼就變成了「沒有庫存」。雖然這個案例不代表一切都是如此，不過，希望各位記住，想要利用網路向看不見的對象購買商品時，勢必有風險。

巴哈咖啡館四十年來一直採單店經營的方式。雖然曾經有許多人希望能夠開設分店，但是全都被我婉拒，我也沒打算以連鎖方式經營。我並不曉得這樣子的決定是否正確。

不過，我們雖然是單店模式，每個月仍能夠賣出超過3噸的烘焙豆，這項事實讓我多少有些自豪。回想起那段必須費盡心力才能夠賣掉一包單品咖啡豆的日子，感覺恍如隔世。

◆姑且不論好壞，「門外漢加入戰局的時代」

進入精品咖啡時代後，最大的改變就是包裝份量變成了小批次。因此只要遇到想要的咖啡豆，最重要的是別管價錢如何，趕緊動手買下。這種時候我推薦各位可找「渡」、「石光商事」、「兼松」等歷史悠久的專業貿易公司交易。

石光商事底下有US FOODS，三菱商事則有MC FOODS等子公司專營這方面的業務。首先可向他們索取樣品，滿意的話，再訂購10公斤、20公斤。另外，小批販售的業者也與網路販售的公司一樣，不過只要面對面交易，可信與否等風險也會跟著降低。

另一方面，新興貿易公司之中有專門經手巴西產咖啡的CERRAD COFFEE & COMPANY Ltd.。該公司參考SCAA審查標準，將75～79分的咖啡豆歸類為白金級咖啡（SCAA的話，則是70分起），80分以上者為精品咖啡，並大量賣給日本。目前愈來愈多這類販售特定商品的專業貿易公司，因此無須擔心選購問題。

過去個人如果想要挑戰採購咖啡豆的國際貿易工作相當辛苦，現今只要上網看看型錄、發電子郵件下訂單，就能夠感受一下業務員的感覺。甚至只要支付倉儲費用，就能夠和倉庫公司訂契約。進口咖啡豆不再是貿易公司和生豆批發商的特權。

在這層意義下，姑且不論好壞，精品咖啡時代成了「門外漢加入戰局的時代」。老咖啡廳退場，取而代之的是以精品咖啡為賣點的新興自家烘焙咖啡館、濃縮咖啡吧、獨立咖啡店的抬頭。年輕經營者之中甚至有不屑提起商業咖啡的人士，這些信仰精品咖啡的團體相當偏激。

世上有些人喜歡純米酒、純米吟釀（注：清酒等級次佳者稱「吟釀」，最佳者稱「大吟釀」。「純米」表示是以精米發酵釀製的較高級清酒或燒酒），也有人喜歡添加酒精的一般日本酒。有些人喜歡羅布斯塔種咖啡製作的罐裝咖啡，而這些人也是咖啡的擁護者之一，如果少了他們，日本的咖啡業無法繼續存在。而將這些重要客人視為比自己更低階，這種想法是多麼傲慢且狹隘，這種人往往認為精品咖啡與商業咖啡是「彼此對立」的兩方，是黑與白、陰與陽、正義與異端。

咖啡業界最害怕的就是認為賺錢用的商業咖啡「不值一提」。《法國葡萄酒》（*Wines of France*）的作者、葡萄酒教父亞歷斯·尼先（Alexis Lichine）曾說：「法國人喝葡萄酒沒有所謂的規則，唯有一點就是他們不喝高價位的葡萄酒！」（節錄自山本博的《開心喝葡萄酒》〔わいわいワイン〕）

沒錯，精品咖啡就像是極品葡萄酒，而商業咖啡等於是優質葡萄酒或一般用葡萄酒，也就是平常喝的餐酒。將兩者視為對立關係的人，想必不瞭解世上存在著平常喝的葡萄酒與特別日子喝的極品葡萄酒。

◆認識巴拿馬唐帕奇莊園

雖然有些偏離主題，總之最重要的就是先找到可信賴的業者採購咖啡豆。直到瞭解咖啡豆的物流流程之前，最好耐著性子與單一批發商往來，避免與其他業者交易。等到單一品項能夠購買到1袋（60～70公斤）時，批發商也會較願意聆聽你的要求。

簡單來說就是必須累積實際成績，取得對方信賴。等到認為「這個負責人值得信賴」時，彼此就能夠坦誠以對。若是想要開拓自己的採購路線，可在這個階段之後。

我開始注意到精品咖啡，是在巴拿馬的藝妓種咖啡出現時。提到巴拿馬咖啡，總會想到用來調整綜合咖啡味道的中度烘焙SHB，而藝妓種咖啡則是完全顛覆傳統的新產品。二〇〇八年一月，我馬上動身前往產地蒐集資訊。

當時主要造訪的是翡翠莊園、瑪瑪卡塔莊園，以及唐帕奇莊園這三處。我姑且先開口交涉採購藝妓咖啡的事宜，翡翠莊園表示他們只在國際拍賣會上販售，因此拒絕。唐帕奇莊園早與根據地在美國俄勒岡州波特蘭市的Stumptown Coffee簽約，因此也拒絕。最後只由瑪瑪卡塔莊園那兒分得僅剩的一點藝妓咖啡。

我借此機會認識了這三座咖啡園的擁有者，後來也持續合作。其中的唐帕奇莊園是面積僅有30公頃的小規模兼職咖啡農。前面也提過莊園主人瑟拉欽先生於一九六三年將藝妓種的樹苗帶回巴拿馬，因此被稱為「巴拿馬藝妓咖啡之父」。現在我們兩家人經常往來，而唐帕奇莊園產量的一半均由巴哈集團購買。

初次與唐帕奇莊園的主人見面時，我們相處融洽。我一開始向他表示自己排斥透過貿易商交涉，因此希望對方能夠賣給我藝妓咖啡，卻遭到拒絕。於是我們聊了許多，我提到自己是一個經營咖啡館的老頭，不懂做生意那套攻防戰，寫過幾本咖啡相關的書，也擔任杯測評審，還詢問了一些關於咖啡園的事情。瑟拉欽先生或許認為我是奇怪的傢伙，但又似乎很懂咖啡吧，於是我們之間產生了類似友誼的互信關係。

◆要求「壟斷」的日本人

關於藝妓咖啡還有另外一個故事。翡翠莊園等咖啡園經常入選的Best Of Panama審查會自二〇一一年起將審查內容分為乾燥式精製法、蜜處理法（半水洗式精製法）、水洗式精製法這三類型進行。藝妓咖啡當然也參加了審查。審查中比較不同精製法的香味，做法相當正統。

另外還有一點，這次審查會是主辦單位於二〇一〇年將需付費的樣本寄送給已經登記希望購買的審查員（進出口業者等），希望他們「自行進行杯測之後，再將評鑑表以電子郵件方式寄回」，而不是請國際審查員飛去巴拿馬。這樣子就無須特地跑一趟巴拿馬了。或許他們這樣做是基於經濟問題考量，我卻覺得相當佩服。

送來的樣本打完分數後，再以電子郵件方式寄回評鑑表——這種做法有效力是因為世界各地均有獲得

SCAA認證資格的「國際咖啡品質鑑定師」（Licensed Q grader，此資格並非終生有效，需每三年重新檢定一次）。在我們巴哈咖啡館當然有國際咖啡品質鑑定師，全日本大約只有一百幾十人擁有此資格。因為日本人大致上都能夠拿到好成績，反而因此提高了測驗的難度。

此系統的優點是生產者可以在國際拍賣進行前，直接先向給予高評價的業者推銷：「貴公司給予本莊園的咖啡最高的評價。我們目前有多少庫存，您有興趣購買嗎？」

拿到國際拍賣會上販售必須花錢。在還不清楚能夠賣出多少錢的情況下，生產者只能夠好好保存那些咖啡豆，直到賣出去之前都必須冒著風險靜置上幾個月。在這種情況下，生產者當然會認為與其囤積良品，不如盡早賣掉得好。

因此他們會選擇直接賣給願意花較多錢購買的人。如果說卓越杯COE對於鎖定優秀咖啡園與產地有貢獻的話，這個Best Of Panama則是有益於幫助鎖定買家。這也要歸功於最近十年培育出眾多具有世界共通語言的國際咖啡品質鑑定師的關係。

我與產地的出口業者談過後得知，日本人老是愛不斷地說：「希望訂定獨家契約。」意思也就是要求壟斷，某品牌只限我們公司使用，其他人不准使用。進入精品咖啡時代後，的確愈來愈容易打造小批次的「限定商品」，但談到要落實，其實並不容易。

◆與小規模莊園合作

還有一種情況是，我認識的哥斯大黎加出口業者買下了尼加拉瓜的精製廠，似乎準備另起爐灶，經營咖啡精製事業。這一帶的精製廠普遍做法是將大型咖啡園的豆子精製成SHG，再賣到美國。這家精製廠則募集了20～30間小型咖啡園（每家產量約1噸），因此能夠提供多種品種與味道的咖啡，而且每一種豆子的品質都相當出色。其中也有經常入選卓越杯COE的咖啡豆或咖啡園。如果沒有經過特別處理，這些豆子只會被當作尼加拉瓜SHG賣掉，實在浪費。因此，對方找我商量：

「田口先生，這些豆子有沒有SHG之外的利用方法？」

「先寄一些優質咖啡園的生豆樣本給我。」

我這麼說完後，沒多久就收到對方寄來四間他推薦的咖啡園生豆樣本。

「該怎麼賣才好呢？」我在腦海中大略描繪出「小規模咖啡園（Micro-producer）→小規模自家烘焙咖啡店（Micro-roaster）」的組合，思考著尼加拉瓜的咖啡園能夠和巴哈集團旗下90家店的其中幾間合作。

我很快詢問了集團夥伴，找來10家店的老闆進行杯測之後，認為對方的咖啡很棒，因此除了其中一家之外，巴哈集團旗下的幾間店分別和A咖啡園、B咖啡園、C咖啡園直接交易，訂定「獨家提供契約」，創立了私有品牌。

意思並不是說SHG（商業咖啡之中品質最高者）的等級不好，只是因為混雜了許多品種的豆子，因此很難表現個性。在這一點上，單一咖啡園的豆子較均一，而且因為經過特殊處理，因此品質也較好且容易烘焙。

精製廠方面，即使有三家咖啡園只提供咖啡豆給巴哈集團，仍有其他咖啡可掛上該精製廠的品牌販售，因此既不會浪費，獨家提供又能夠賣得高價。身為採購方的我們也因為對方的咖啡豆有名而有助於銷售，得以獲利，真可謂是三贏的局面。

◆產地視察是否有必要？

話題回到卓越杯COE的網路國際拍賣會上。也有人認為既然已經鎖定優質咖啡園，根本沒有必要舉辦國際拍賣會。

再加上，如果能夠在紐約市場賣得每磅2美元以上的高價，就更是沒有必要參與國際拍賣會了。與其在國際拍賣會上替排名較差的咖啡豆訂定價格，倒不如盡快將豆子賣給望眼欲穿的客戶。

卓越杯COE出品的咖啡據說六成都被日本業者標下。對手主要是韓國與台灣，最近中國的業者也蠢蠢欲動。歐洲方面主要的客戶是北歐各國與英國。日本業者採購時的特色是從排名相對較差的咖啡豆之中挑選有信心推銷的豆子購買。問起排名第5與第20的咖啡豆味道哪裡不同，可說不分軒輊。但這些下標採購的貿易公司可向顧客大力宣傳：「這是得獎的咖啡，所以價格比較高。」

「渡」等專業貿易公司也會積極下標採買排名較低的豆子，避免庫存賣不出去。一旦出現庫存，CQI（Coffee Quality Institute，美國民間非營利的咖啡品質協會）舉辦的Q拍賣將會被迫中止，也將影響到國際拍賣會本身的存廢與否。另外，過去的做法原本是得標就必須接受全部商品，最近的做法則改為將一批次分成30公斤或35公斤的小包裝，同時賣給多位客人。許多客人喜歡這種做法。他們還在國際拍賣會之前為顧客舉行杯測儀式。

我也參加過這類活動，並重點式的競標喜歡的咖啡豆。只要將這些豆子設定為與常態商品不同的限量商品，客人也會轉而注意到它們。另外也有愈來愈多專業貿易公司與特定產地或咖啡園密切往來，訂購一定品質以上的咖啡豆。這種做法是替自家公司的咖啡品牌找尋合作的咖啡園。畢竟目前的知名品牌總有一天會褪下光環，因此他們希望打造出新鮮且強而有力的品牌。

我幾乎每年造訪產地。不過出國出差對我這個超過七十歲的老人家來說實在吃力。尤其是這半年間，每隔兩個月就要飛一趟中美洲或非洲，簡直與貿易公司的業務沒兩樣。你若問我：一位咖啡店老闆有必要這麼頻繁地往來產地視察嗎？我的回答是不一定。

但是，在我周遭，包括咖啡狂人在內，有不少懂咖啡的人，如果我不瞭解產地情況似乎說不過去。時代已經進步到上網就能夠取得想要的資料，因此更加突顯百聞不如一見的重要。讓沒有生命的資訊多了些人味，這就是產地視察的意義，也是道教所謂時時保持學習鬥志。

銷售方式與員工訓練

◆只能仰賴「店員的能力」銷售？

至於提到精品咖啡應該如何銷售，其實並無什麼特殊的銷售方式。尤其是因為咖啡的產地與消費地無論空間距離或意識型態均相差甚遠，因此很難讓顧客產生聯想。

冷不防就拿出「盧安達．米比里濟」或「馬拉威．密蘇庫」等陌生咖啡遞到客人鼻子前，客人也只是滿腦子不解，不會興起想要喝的念頭。主要是鮮少有人認識盧安達、馬拉威等地的咖啡。人們因為感興趣而願意喝的咖啡頂多只有藝妓。

「客人，我們這次有很好的藝妓呢。」

聽到這種雙關語，多數日本人都會笑出來，並且願意嘗試藝妓咖啡。但是店裡並非只有這些咖啡。

精品咖啡整體來說價格昂貴。不過巴哈咖啡館在銷售高價位咖啡方面具有不錯的成績，四十年前起就持續販售藍山、夏威夷．可那等。現在藍山咖啡的零售價格是一千八百日圓／一百公克，銷售情況仍然穩定。因此突然拿出巴拿馬翡翠莊園的藝妓咖啡（二千二百日圓／一百公克），客人也不覺驚訝。

如何讓民眾接受價格高於一般咖啡的精品咖啡並且願意品嚐，是一大難題。以葡萄酒為例，只要說：「這種酒有某某味道與香氣」，客人普遍會願意嘗試看看，因為敘述的內容通常能夠與商品本身相吻合。但若談到特性不似葡萄酒鮮明的咖啡，就很難與客人產生共識。即使介紹藝妓咖啡「具有檸檬茶般的香氣」，只要停止烘焙的時間錯誤，最重要的檸檬香氣就會消失，與無論何時何地喝夏多內白葡萄酒香氣都一樣的情況不同。

如此一來就必須用上所有知識向客人解釋：「產地是這樣、品種是這樣、味道與香氣是這樣……」諸如此類。因此老闆買下《世界各國要覽》、《世界咖啡產國》、《世界地名起源辭典》，以及一系列的《瞭解瓜地馬拉65章》等書籍，讓店內工作人員適當使用。但腦袋裝滿了相關知識，也不一定保證顧客願意賞光。就算成為雜學大師，賣不掉的東西還是賣不掉。因此結論就是，如果能夠做到——「這位店員好熱心，我就當作是被騙，喝喝看好了……」就算是成功了。零售業原本就是人與人面對面做買賣的行業，前提就是「人」把物品賣給「人」。食品的話，還包含販售「安心、安全」等要素。世間的常理是：能夠成為優秀業務的，往往是不擅長說話又安靜的人，而不是能言善道的人。簡單來說也就是懷抱誠意接待客人，一步一腳印建立互信關係。

過程中，顧客自然會產生「既然他這麼說，我就姑且信之吧」的想法。亦即要讓客人喝下一杯將近一千日圓的咖啡，必須仰賴每位店員「個人的能力」。

◆體驗「自然觀」

只要有新人加入我的店裡，第一步教的就是「手選」生豆。實際觀察、觸摸材料，並貫徹快速剔除瑕疵豆的訓練。下一步則是生豆的庫存管理。新人必須記住生豆的進出與流向。

要記住「手選」方式很辛苦，即使瞭解它的重要性，腦袋也會因為單調的手選過程而難以集中注意力，因此必須像廚師磨菜刀、木匠磨刨刀一樣不斷反覆，讓手指記住而不是腦袋，事後再講究所代表的意義即可。

等到手選步驟熟練後，接著是清掃，亦即進行店內、工廠的善後工作、掃地。新人必須幫忙定期拆開、清理烘焙機。記錄這些內容的工作表就貼在工廠牆壁上。

接下來是味覺訓練。巴哈咖啡館的工作人員在開店前必須全體集合，喝一杯咖啡。泡咖啡是新人的工作，這也等於是萃取訓練。

基本上巴哈綜合咖啡的萃取必須配合當天的氣溫、濕度調整，再由全體員工一同確認咖啡味道是否和平常一樣。這個階段訓練的除了萃取技術之外，也包括讓新人養成「自然觀」。

所謂「自然觀」，是指瞬間判斷某一時刻現場環境變化的感覺能力（注：書中的「自然觀」是作者自己定義的用法，一般日文並不這樣使用，因此這裡保留日文漢字當專有名詞處理。）。我尤其重視這點。

我以製作蕎麥麵為例，製作蕎麥麵的困難之處就在於水量。如果正好製麵的環境偏乾燥，卻加入一如往常的水量揉麵的話，麵團會龜裂。事後再加水也於事無補。只要學會「自然觀」，應該能夠在事前考慮到溫度、濕度，進而調整加入的水量了。

咖啡的烘焙也運用到「自然觀」。濕度、氣壓的變化也會影響煙囪的長度。盡早確認這些變動因子，就能夠進行火力微調。烘焙時的氣壓是1刻度0.1kpa。我教導員工以0.05kpa為調整單位，習慣後就能夠以更小的刻度進行調整。

觸摸生豆確認是否有「微涼」感覺或觀察「中間點」的變化後，就能夠瞬間判斷烘焙室的氣溫、濕度，進行火力微調，重現平常的味道。這正是實踐了我所謂的「自然觀」。精品咖啡時代也是重視材料的時代。如何善用這些優秀的材料，端賴個人使用五感（視覺、聽覺、嗅覺、味覺、觸覺）的技巧。

◆年資達四年者送往產地研修

另外，教育訓練也很重要。咖啡文化原本就是西方人帶來的外來文化，在庶民間扎根還不到一百年，歷史尚淺，不過也因為那不是我們天生擁有的東西，因此學習知識很重要。最理想的狀態就是同時靠身體與腦袋學習，並達到兩者間的平衡。

任職滿一年後，員工必須接受SCAJ（日本精品咖啡協會）的咖啡師測驗。此課程內容在於教導開咖啡店的工作內容與系統，原本是由UCC上島咖啡開始，後來此資格認證制度改成適合SCAJ的方式進行。

並非獲得咖啡師認證，就能夠提高咖啡店的營收。此訓練目的在於共享販賣精品咖啡的基礎資訊，促使作業程序更順利。以前沒有教科書也沒有資料，上課時全部仰賴在職訓練，相當費事，往往說明完「可追溯性」、「永續性」等繁瑣的用語後，太陽也下山了。現在多虧有咖啡師培訓制度，才大大省去了這些麻煩。

除了咖啡師認證之外，還有全日本咖啡工商聯合會認可的JCQA（全日本咖啡檢定委員會）咖啡產業檢定。這種檢定分為一、二級、咖啡鑑定師三階段，主要使用於貿易公司、烘焙業者的員工訓練。一級已經相當困難，能夠拿到鑑定師資格者更是少之又少。

接下來，在巴哈集團任職滿四年的話，無論男女均可前往咖啡產地研修。而且不只有咖啡部門的員工，點心麵包部門的女性也可以參與。這是為了讓員工能夠用自己的話表達在現場感受到、學習到的事物，而不再只有聽說或二、三手知識。隸屬點心部門的某位人員，過去也曾經以JICA（Japan International Cooperation Agency，國際協力事業團）人員身份前往瓜地馬拉兩年，而且曾在薇薇特南果產區擔任營養師，可算是相當獨特的經驗。

◆無法煮出超過能力的咖啡

產地研修結束後，就是烘焙實習等附加訓練。至少必須烘焙200～250次。每天烘焙4～5次，持續50天。員工必須趁著工作空檔前往工廠，確實遵照要求的基準量進行。仍有青草味就停止烘焙或烘焙到完全焦黑都沒關係，沒有限制失敗次數。不是從失敗當中學到的知識，就不是活知識。因此我反而要求員工盡量失敗。

巴哈咖啡館全體工作人員（攝於2010年12月）

首先是讓他們烘焙A～D這四大類型的生豆。接著分別烘焙淺度烘焙～深度烘焙這四個階段的A型豆。B、C、D型豆也如法炮製。再來為了瞭解最佳時間帶的範圍，再度烘焙A～D型的所有生豆。接下來持續訓練烘焙度技術、正確的停止烘焙技術、綜合同樣烘焙度咖啡豆的技術等。利用精品咖啡進行這種訓練很花錢，程序上與商業咖啡完全一樣。

杯測訓練時也相同，擁有國際咖啡品質鑑定師與SCAA認證杯測評審資格的員工必須隨時指導採購時的杯測、品質管理的杯測、烘焙與販賣時的杯測等。另外，批次或年份轉換時該如何銷售，負責的同仁也必須進行調整。

最後補充一點，就像政治家的水準不會超越一般國民一樣，「沒有人能夠煮出超出自己能力的咖啡」。因此必須靠著每天勤加練習，才能夠精進自己的技術。

【對談】訪問 SCAJ 的林會長

談談精品咖啡的未來——SCAJ 的努力

過去曾經在日本貿易公司工作的林會長，是日本咖啡界屈指可數的國際通。這次訪談的內容包括美國最新近況，以及 SCAJ 的努力。

田口：自從全球發生金融危機以來，星巴克也關閉了不賺錢的店面並裁員。我想瞭解從那之後美國咖啡業發展的情況，特別是關於精品咖啡的最新動態。

林：星巴克、Peet's Coffee & Tea 等咖啡連鎖店在日本廣為人知，不過美國還有許多與星巴克相抗衡的連鎖店及獨立咖啡店，例如：以明尼蘇達州為中心拓展近五百家分店的 Caribou Coffee，以及綠山咖啡（Green Mountain Coffee Roasters, Inc）旗下的 Diedrich Coffee, Inc.、Gloria Jean's COFFEES、Timothy's World Coffee 等連鎖店。獨立咖啡店之中，芝加哥的 Intelligentsia Coffee、波特蘭的 Stumptown Coffee Roasters 等水準也很高。

田口：水準是指品質水準嗎？

林：是的。這些店使用的咖啡豆品質遠遠優於星巴克等店。對了，北卡羅來納州的 Counterculture 主要業務雖然是咖啡豆批發，但也不能漏了它。這家店會建議客人杯測。在紐約展店的 Stumptown Coffee Roasters 也是。看來他們希望啟發客人瞭解精品咖啡獨特的風味特性。另外，芝加哥的 Intelligentsia Coffee 被譽為芝加哥第一，而在咖啡專業雜誌《烘焙誌》中也給予該店「最佳烘焙」的殊榮。

2011 年 3 月攝於 NHK 出版

田口：因為愈來愈多咖啡店不再採用價格競爭，而是打出品質與美味，對吧？

林：您說得沒錯。各位也知道，美國的咖啡消費自七〇年代起急速蕭條。一九六二年的高峰期年輕人（20～24歲）每天要喝掉2.99杯咖啡，但是到了二〇〇三年卻降到0.35杯，顯示這是咖啡業界激烈的價格競爭與薄利多銷戰略造成的必然性結果。精品咖啡在這種狀況下問世。回到日本咖啡業界狀況也相同，價格競爭十年如一日，日本也將要重蹈美國咖啡業的覆轍了。日本本身還有日本茶這個強勁對手，以及其他眾多的軟性飲料。人們一開始並不需要喝「難喝的咖啡」，但是這種毛利競爭繼續持續下的話，我打從心底擔心恐怕最後連像樣的原料都買不起了。

田口：歐洲對於永續、有機等認證咖啡的需求量相當高，美國也是同樣情況嗎？

林：是的。在日本一提到有機、永續、公平交易等，有些人就會心生抗拒。在美國，精品咖啡的新概念代表永續的價值，也就是環境、社會、經濟的價值，這些都已經包含在內。只有理念自然無法產生消費者，因此首先必須追求高品質與美味，而這類認證咖啡滿足了消費者。大型咖啡製造商，如：卡夫食品（Kraft）、雀巢、SLE.N（Sara Lee Corporation）也正紛紛積極加入永續咖啡的領域。

田口：因為一般認為美國等地在意的除了利潤之外，還有企業是否盡了社會責任吧。日本在這方面仍然不夠成熟，不少人一聽到永續或公平交易，馬上就認為：「想要假裝乖寶寶嗎？」

林 秀豪（Hayashi Hidetaka）
前丸紅商社職員。後來成立林咖啡研究所。曾任SCAA國際問題諮詢委員、ACE名譽理事。2010年至今擔任SCAJ會長。

◎關於「高廣告效益」

林：我想起一件有趣的事。大概是二〇〇〇年之後吧，美國的咖啡業界出現了「高廣告效益」這種說法，意思不是把咖啡分為廣告咖啡（商業咖啡）與精品咖啡，而是從兩者之中創造出新的概念，稱為「高廣告效益咖啡」。這種咖啡雖然沒有精品咖啡的獨特顯著風味特性，但是也別有一番風味。如果精品咖啡是在COE中得分超過80分的咖啡，那麼高廣告效益咖啡就是76分以上的等級，每磅價格也比商業咖啡高20～30美分。

田口：這種做法是希望避免精品咖啡與商業咖啡「兩相對立」嗎？

林：或許是。但如果只是這樣恐怕威力不夠，因此還必須加上有機、永續、公平交易等認證當作配套措施。

田口：這是為了挑起消費者的倫理觀及環保意識，對吧？

林：您說得沒錯。畢竟最終目的是為了滿足消費者。與其說這類高廣告效益咖啡是以精品咖啡為導向，不如說它們是屬於同一個水平。結果，美國消費的咖啡之中，據說有三分之二是精品咖啡（包括有認證的高廣告效益咖啡）。事實上培育精品咖啡的地區有限，必須位在標高很高的地區，而且要具備一定的地方風味（自然環境要素）、滿足微氣候條件。但是符合這些條件的地方並不多。只要建立「高廣告效益咖啡」這個新類別，就能夠擺脫一定要有「地方風味」的束縛，還能夠讓消費者對此咖啡留下高級的印象，並且能夠提供大量「好喝的咖啡」給消費者。如此一來，咖啡業界得以拓展業績，既能夠幫助生產者，消費者也開心。

田口：這就是所謂的「三贏」吧（笑）。

林：我私心希望日本也能夠發展出這樣的型態，但目前看來似乎沒辦法跟上美國的腳步。我們首先要做的是讓永續咖啡普及於業界，因此SCAJ的「永續認證咖啡委員會」舉辦了各式各樣的活動。

田口：關於咖啡的永續性，聽說新的病蟲害損害報告已經出來了？

林：是的。咖啡供需失衡，問題不只是因為新興國家的需求急速擴大或是大量投資金額流入。葉鏽病、咖啡果小蠹（Coffee berry borer，簡稱CBB）、咖啡黑果病（Coffee Berry Disease，簡稱CBD）蔓延等已經變成目前最嚴重的問題。感染咖啡黑果病的話，果實會在成熟前就變黑、掉落。此病原本流行於非洲，現在咖啡黑果病之一的「咖啡豆病」也在中南美洲蔓延、擴大。成因或許與地球暖化有關，現有的阿拉比卡種咖啡完全無法抵抗這類疾病，必須開發出能夠抗咖啡黑豆病的新品種，因此現在美國正在進行品種咖啡計畫。

田口：期待他們能夠成功。日本咖啡界也逐漸重視精品咖啡了。可惜腳步似乎有些太慢。

林：我個人很希望與咖啡業界有關的人士，無論是公司或個人，都能夠成為SCAJ的會員。另外還有一點，美國精品咖啡界的每間公司，其所有人或老闆都是頂尖的咖啡評審。就我所知沒有例外。其他公司根本無法生存。Timothy's World Coffee的女老闆就是頂尖的咖啡評審；Intelligentsia Coffee、Stumptown Coffee Roasters、Counterculture的老闆也是。只重視利潤、經濟層面的經營者，毫無疑問地已經落伍了。

田口：我會銘記在心。感謝您今天提供的寶貴內容。

田口 護：「『每位老闆都是頂尖的咖啡評審』這句話令人驚訝。」

巴哈咖啡館

〒 111-0021 東京都台東區日本堤 1-23-9
TEL：03-3875-2669
FAX：03-3876-7588
官方網站：www.bach-kaffee.co.jp

◉巴哈咖啡館的沿革

1968 年　前身是食堂，而後變成咖啡廳
1972 年　開始自家烘焙
1975 年　裝潢成巴哈咖啡館重新開張
1981 年　巴哈集團成立
　　　　（以子弟兵為主的自願加盟店〔Voluntary Chain，簡稱 VC〕）
　　　　開始視察中南美咖啡產地
1982 年　柴田書店主辦「自家烘焙咖啡講座」
1985 年　阿倍野・辻製菓專門學校講師
1988 年　巴西咖啡農莊顧問
1990 年　引進 10kg 烘焙機
　　　　新店舖大樓開張
　　　　擔任出光興產顧問，指導大阪心齋橋「Greenwich Village 咖啡店」開店
1991 年　甜點部門成立
1993 年　麵包部門成立
2000 年　巴哈烘焙工廠落成
　　　　於沖繩 G8 高峰會時，提供首里城元首晚宴的咖啡
2002 年　開發販售「名匠」（Meister）烘焙機
2003 年　前往 SCAA（美國精品咖啡協會）波士頓大會視察
2006 年　成為 SCAJ（日本精品咖啡協會）會員
　　　　文子夫人、山田康一店長（時任）獲得杯測審查官資格
2007 年　成立巴哈訓練中心
　　　　擔任 SCAJ 理事、咖啡師（Coffee Meister）認證培訓講座訓練委員會委員長
2008 年　負責 SCAJ2008 巴拿馬生產國座談會的咖啡烘焙
2009 年　擔任 SCAJ 副會長

〔監修〕（咖啡品種、成份）
旦部幸博（Tanbe Yukihiro）：1969年生於日本長崎縣。醫學博士。京都大學藥學研究所修畢後，於博士課程在學中前往滋賀醫科大學擔任助教。現在為該大學講師。在咖啡方面擁有深厚造詣，開設網站「百珈苑」。
（http://sites.google.com/site/coffeetambe）

〔工作人員〕
採訪＆撰文：嶋中 労
編輯協助：巴哈咖啡館（中川文彥）
攝影：高橋栄一
咖啡產地照片攝影：田口 護／田口文子／山田康一
美術設計：山崎信成
設計＆ DTP：ydoffice ／ hirotaS（廣田武志）
插圖：森田秀昭
校對：久保田和津子
編輯：佐野朋弘

〔圖表提供〕
旦部幸博
44～47、49、51、97、99、100頁

〔內容協助〕
日本精品咖啡協會（SCAJ）
美國精品咖啡協會（SCAA）
大和鉄工所株式会社
ワタル株式会社
石光商事株式会社
上島咖啡株式会社
カフェ・プント・コム

〔參考文獻〕
《咖啡大全》田口 護（繁體中文版由積木文化於2004年出版）
《プロが教えるこだわりの珈琲》田口 護（NHK出版，2001年）
《コーヒー学のすすめ》（The coffee book:anatomy of an industry from crop to the last drop）Nina Luttinger ／ Gregory Dicum（世界思想社，2008年）
《コーヒー、カカオ、コメ、綿花、コショウの暗黒物語》（Unfair Trade: The Black Book of commodities）Jean Pierre Boris（作品社，2005年）
《コーヒーの真実》（Coffee: A Dark History）Antony Wild（白揚社，2007年）
《コーヒー危機　作られる貧困》（Mugged: Poverty in Your Coffee Cup）Oxfam Campaign Reports（筑波書房，2003年）
《コーヒー「こつ」の科学》石脇智広（柴田書店，2008年）
《コーヒーハンター》川島良彰（平凡社，2008年）
《スペシャルティコーヒーの本》堀口俊英（旭屋出版，2005年）
《コーヒー検定教本》全日本コーヒー商工組合連合会（2003年）
《コーヒーマイスター　テキストブック》日本スペシャルティコーヒー協会（2007年）
月刊《カーサ ブルータス》（Casa BRUTUS）12月號（MAGAZINE HOUSE，2010年）
『Coffee Flavor Chemistry』Ivon Flament（John Wiley & Sons, Ltd; Chichester, West Sussex, UK: 2002）
『Coffee: Recent developments』Ronald James Clarke, Otto Georg Vitzthum（eds.）（Blackwell-Science Ltd; Oxford, UK: 2001）
『Coffee: Growing, Processing, Sustainable Production』Jean Nicolas Wintgens（ed.）（Wiley-VCH Verlag GmbH & Co. KGaA; Weinheim, Germany: 2009）
『Sensory study on the character impact odorants of roasted arabica coffee』Michael Czerny, Florian Mayer, Werner Grosch（Journal of Agricultural and Food Chemistry (1999) Vol. 47 No. 2: pp.695-699.）
『Bioresponse-guided decomposition of roast coffee beverage and identification of key bitter taste compounds』Oliver Frank, Gerhard Zehentbauer, Thomas Hofmann（European Food Research and Technology (2006) Vol. 222 No. 5-6: pp.492-508.）
『Structure determination and Sensory analysis of bitter-tasting 4-vinylcatechol oligomers and their identification in roasted coffee by means of LC-MS/MS』Oliver Frank, Simone Blumberg, Christof Kunert, Gerhard Zehentbauer, Thomas Hofmann（Journal of Agricultural and Food Chemistry (2007) Vol. 55 No. 5: pp.1945-1954.）
『Quantitative studies on the influence of the bean roasting parameters and hot water percolation on the concentrations of bitter compounds in coffee brew』Simone Blumberg, Oliver Frank, Thomas Hofmann（Journal of Agricultural and Food Chemistry (2010) Vol. 58 No. 6: pp.3720-3728.）
『Coffee roasting and aroma formation: application of different time-temperature conditions』Juerg Baggenstoss, Luigi Poisson, Ruth Kaegi, Rainer Perren, Felix Escher（Journal of Agricultural and Food Chemistry (2008) Vol. 56 No. 14: pp.5836-5846.）
『Investigations on the hot air roasting of coffee beans.』Stefan Schenker（D.Phil thesis. No 13620. (2000) Swiss Federal Institute of Technology (ETH), Zurich, Switzerland:）

飲饌風流 40

田口護的精品咖啡大全（暢銷平裝版）

原著書名　田口護のスペシャルティコーヒー大全
作　者　田口護
譯　者　黃薇嬪
審　訂　蘇彥彰
校　對　陳錦輝

總 編 輯　王秀婷
責任編輯　林謹瓊、梁容禎
版　權　徐昉驊
行銷業務　黃明雪、林佳穎

發 行 人　凃玉雲
出　版　積木文化
104台北市民生東路二段141號5樓
電話：(02) 2500-7696｜傳真：(02) 2500-1953
官方部落格：www.cubepress.com.tw
讀者服務信箱：service_cube@hmg.com.tw
發　行　英屬蓋曼群島商家庭傳媒股份有限公司城邦分公司
台北市民生東路二段141號11樓
讀者服務專線：(02)25007718-9｜24小時傳真專線：(02)25001990-1
服務時間：週一至週五09:30-12:00、13:30-17:00
郵撥：19863813｜戶名：書虫股份有限公司
網站：城邦讀書花園｜網址：www.cite.com.tw
香港發行所　城邦（香港）出版集團有限公司
香港灣仔駱克道193號東超商業中心1樓
電話：+852-25086231｜傳真：+852-25789337
電子信箱：hkcite@biznetvigator.com
馬新發行所　城邦（馬新）出版集團
Cite (M) Sdn Bhd
41, Jalan Radin Anum, Bandar Baru Sri Petaling,
57000 Kuala Lumpur, Malaysia.
電話：603- 90578822｜傳真：603- 90576622
電子信箱：cite@cite.com.my

內頁排版　優克居有限公司
製版印刷　上晴彩色印刷製版有限公司

城邦讀書花園
www.cite.com.tw

Printed in Taiwan.

【印刷版】
2012年5月8日　初版一刷
2021年11月2日　二版一刷
售　價／NT$680
ISBN 978-986-459-360-6

【電子版】
2021年11月　二版
ISBN 978-986-459-355-2 (EPUB)

國家圖書館出版品預行編目資料

田口護的精品咖啡大全 = Specialty coffee/田口護作；黃薇嬪譯. -- 二版. -- 臺北市：積木文化出版：英屬蓋曼群島商家庭傳媒股份有限公司城邦分公司發行, 2021.11
面；　公分. -- (飲饌風流；40)
譯自：田口護のスペシャルティコーヒー大全
ISBN 978-986-459-360-6(平裝)

1.咖啡

427.42　　110016307